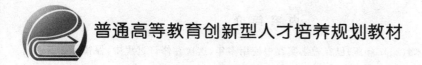
普通高等教育创新型人才培养规划教材

电工实验技术
（第 2 版）

孙建红　俞　虹　金　瓯　编著

北京航空航天大学出版社

内 容 简 介

《电工实验技术》(2007年版)已在教学实践中使用多年,这次在修订过程中,保留了必备的基础知识,同时根据这几年的使用情况,对第6章的实验内容作了适当调整。

第1~5章是电工技术实验必备的知识,包括电工仪表概述、数据误差处理方法、安全用电常识、实验报告书写方法等内容;第6章是10个常规电工实验,每个实验根据实验内容,提出实验要求、实验任务、实验线路设计指导等。最后在附录中增加了电工实验设备介绍。

本书可作为高等院校本科非电类专业"电工技术基础"或"电工学"课程的实验教学配套用书。

图书在版编目(CIP)数据

电工实验技术 / 孙建红,俞虹,金瓯编著. -- 2版
. -- 北京:北京航空航天大学出版社,2018.1
ISBN 978-7-5124-2521-7

Ⅰ.①电… Ⅱ.①孙… ②俞… ③金… Ⅲ.①电工技术—实验—高等学校—教材 Ⅳ.①TM-33

中国版本图书馆CIP数据核字(2018)第003852号

版权所有,侵权必究。

电工实验技术(第2版)

孙建红 俞 虹 金 瓯 编著

责任编辑 张冀青

*

北京航空航天大学出版社出版发行

北京市海淀区学院路37号(邮编100191) http://www.buaapress.com.cn
发行部电话:(010)82317024 传真:(010)82328026
读者信箱:goodtextbook@126.com 邮购电话:(010)82316936
艺堂印刷(天津)有限公司印装 各地书店经销

*

开本:710×1 000 1/16 印张:10 字数:213千字
2018年2月第2版 2019年5月第2次印刷 印数:2 001~4 000册
ISBN 978-7-5124-2521-7 定价:24.00元

若本书有倒页、脱页、缺页等印装质量问题,请与本社发行部联系调换。联系电话:(010)82317024

前　　言

本书在 2007 年出版的《电工实验技术》的基础上进行了修订，可作为高等院校本科非电类专业"电工技术基础"或"电工学"课程的实验教学配套用书。

对理工科的学生来说，实验教学是学生整个求知过程中非常重要的环节之一。本教材中的实验，主要以自拟电路为主，教学目标定位在科学地培养学生理论联系实际的能力。

本书按教学大纲要求，对第 1 版进行了适当的修订。

第 1～5 章是电工技术实验必备的知识，对第 1 版的电工仪表概述、数据误差处理方法、安全用电常识、实验报告书写方法等内容的部分地方进行了适当调整，并补充了贴片元件标示参数含义的说明。

第 6 章根据本校多年的实验情况，给出了 10 个常规电工实验，每个实验根据实验内容，提出实验要求、实验任务、实验线路设计指导和思考题等，实验线路以自拟为主。

附录部分结合实验室现有设备和实验装置，增加了实验室实验台使用介绍，以及示波器、功率信号发生器、交流毫伏表、钳形数字三用表等常用电工仪器的操作方法，给学生提供了一个简易资料库，使学生能够独立学习操作，顺利进行课内实验、课外开放实验、科研训练等。

本书的编写得到了南京理工大学电工电子教学实验中心领导和教师的大力支持和帮助，在此表示衷心的感谢！

由于编者水平有限，且时间仓促，书中难免存在疏漏和错误，恳请广大读者批评指正！

编　者
2017 年 11 月

学生实验守则

1. 学生进入实验室必须遵守学校和实验室的各项规定，服从教师的指导和安排。

2. 学生实验前必须认真预习，写出预习报告。

3. 学生进入实验室应衣冠整洁，不得大声喧哗和打闹，不准吸烟、乱扔纸屑杂物，保持实验室整洁。

4. 正确使用实验仪器设备，实验结束请整理归位。未经允许不要随意动用与本实验无关的设备，不得随意将实验室物品带出实验室。

5. 学生应独立完成实验和实验报告。实验时胆大心细，认真观察与记录，认真分析和总结，按时保质保量完成实验任务。

6. 学生进入实验室进行开放实验、课外实践等活动，须提前和实验室预约，并在老师指导下，方可开展各项实验活动。

实验设备使用注意事项

1. 必须在断电情况下完成实验电路的连接，经检查确认无误后方可上电，切勿将380 V和220 V接错。

2. 强电实验与弱电实验使用的导线不同，不可将弱电导线用于强电实验中。

3. 若发现设备打开无显示，请检查设备电源是否插好或保险丝是否良好。

4. 直流电流源、直流电压源、单相调压器在使用前应调至最小值（逆时针旋转到底），使用完毕后也必须调至最小值。

5. 可调电阻（电位器）在使用时，须先调至最大值，最后调至需要的阻值。

6. 使用电流表时，请注意将电流表串联于电路中。

7. 设计电路时，因受实验台电阻功率限制，要求直流稳压电源输出电压$\leqslant$12 V，直流电流源输出电流$\leqslant$15 mA。

8. 若遇其他问题，请及时联系老师。

目 录

第1章 指针式电工仪表 ·· 1

1.1 概 述 ·· 1
- 1.1.1 指针式电工仪表的组成 ·· 1
- 1.1.2 指针式电工仪表测量机构的基本工作原理 ······································ 2

1.2 指针式电工仪表的主要技术指标 ·· 4
- 1.2.1 准确度 ·· 4
- 1.2.2 灵敏度和仪表常数 ·· 4
- 1.2.3 功 耗 ·· 5

1.3 磁电系仪表 ·· 5
- 1.3.1 磁电系仪表测量机构的结构及工作原理 ·· 5
- 1.3.2 磁电系仪表测量机构的特点 ·· 7
- 1.3.3 磁电系仪表测量机构的应用 ·· 8

1.4 电磁系仪表 ·· 8
- 1.4.1 电磁系仪表测量机构的结构及工作原理 ·· 8
- 1.4.2 电磁系仪表测量机构的特点 ·· 10
- 1.4.3 电磁系仪表的分类 ·· 10

1.5 电动系仪表 ·· 11
- 1.5.1 电动系仪表测量机构的结构及工作原理 ·· 11
- 1.5.2 电动系仪表测量机构的特点 ·· 12
- 1.5.3 电动系仪表的分类 ·· 13
- 1.5.4 电动系仪表的使用 ·· 13

1.6 整流系仪表 ·· 14
- 1.6.1 整流系仪表测量机构 ·· 14
- 1.6.2 整流系仪表的使用 ·· 16
- 1.6.3 常见指针式系列仪表技术指标 ·· 16

1.7 磁电系比率表 ·· 16
- 1.7.1 磁电系比率表测量机构和兆欧表工作原理 ···································· 16
- 1.7.2 兆欧表的特点 ·· 18
- 1.7.3 兆欧表的使用 ·· 18

1.8 指针式万用表 ·· 19
- 1.8.1 指针式万用表的结构和工作原理 ·· 19

1.8.2　指针式万用表的特点和技术指标…………………………………… 21
第2章　现代电工仪表 ………………………………………………………………… 23
　2.1　电工仪表的数字化测量技术 …………………………………………………… 23
　　2.1.1　概　述 …………………………………………………………………… 23
　　2.1.2　双积分型A/D转换器 …………………………………………………… 24
　2.2　数字直流电压基本表 …………………………………………………………… 27
　　2.2.1　数字直流电压基本表的组成 …………………………………………… 27
　　2.2.2　A/D转换电路 …………………………………………………………… 27
　　2.2.3　逻辑控制电路 …………………………………………………………… 27
　　2.2.4　显示器 …………………………………………………………………… 28
　2.3　便携式数字万用表原理 ………………………………………………………… 29
　　2.3.1　典型数字电压基本表7106芯片 ………………………………………… 29
　　2.3.2　多量程数字式直流电压表 ……………………………………………… 30
　　2.3.3　多量程数字式直流电流表 ……………………………………………… 31
　　2.3.4　线性整流和数字交流量的测量 ………………………………………… 33
　　2.3.5　多量程数字式电阻的测量 ……………………………………………… 34
　　2.3.6　国内便携式数字万用表及测量指标 …………………………………… 35
　2.4　智能式电工仪表 ………………………………………………………………… 38
　　2.4.1　DMM结构 ……………………………………………………………… 39
　　2.4.2　DMM测量 ……………………………………………………………… 42
　2.5　数字式电工仪表常见测量符号 ………………………………………………… 44
第3章　电工实验技术 ………………………………………………………………… 46
　3.1　仪表误差与准确度 ……………………………………………………………… 46
　　3.1.1　误差的表示方式 ………………………………………………………… 46
　　3.1.2　仪表准确度 ……………………………………………………………… 47
　3.2　误差分析 ………………………………………………………………………… 48
　　3.2.1　测量误差的分类 ………………………………………………………… 48
　　3.2.2　直接测量中工具误差的分析 …………………………………………… 49
　　3.2.3　间接测量中由仪表引起的误差分析 …………………………………… 50
　3.3　减小测量误差的方法 …………………………………………………………… 51
　　3.3.1　系统误差和处理 ………………………………………………………… 51
　　3.3.2　随机误差和处理 ………………………………………………………… 52
　　3.3.3　疏失误差和处理 ………………………………………………………… 53
　3.4　测量数据处理 …………………………………………………………………… 54
　　3.4.1　测量中仪表数据的读取 ………………………………………………… 54

3.4.2　有效数字的表示方法和运算……………………………………… 55
　　3.4.3　实验数据处理……………………………………………………… 56
3.5　实验设计的基本方法和故障排除……………………………………… 57
　　3.5.1　实验设计的基本方法……………………………………………… 57
　　3.5.2　实验步骤与故障排除……………………………………………… 59
3.6　实验报告………………………………………………………………… 61
　　3.6.1　实验报告的书写…………………………………………………… 61
　　3.6.2　实验报告的内容…………………………………………………… 61

第4章　RLC元件……………………………………………………………… 63
4.1　电阻元件………………………………………………………………… 63
　　4.1.1　电阻的命名和分类………………………………………………… 63
　　4.1.2　电阻的主要技术指标……………………………………………… 64
　　4.1.3　电阻的标示法……………………………………………………… 65
　　4.1.4　贴片电阻…………………………………………………………… 66
4.2　电感元件………………………………………………………………… 67
　　4.2.1　电感的主要技术指标……………………………………………… 67
　　4.2.2　贴片电感…………………………………………………………… 69
　　4.2.3　含铁芯(或磁芯)线圈的特殊问题………………………………… 69
4.3　电容元件………………………………………………………………… 70
　　4.3.1　电容命名和介质代号……………………………………………… 71
　　4.3.2　电容的主要技术指标……………………………………………… 71
　　4.3.3　电容的标示法……………………………………………………… 73
　　4.3.4　贴片电容…………………………………………………………… 74

第5章　电工实验安全技术…………………………………………………… 76
5.1　用电安全概述…………………………………………………………… 76
　　5.1.1　电对人体的伤害…………………………………………………… 76
　　5.1.2　实验室安全防护和安全用电……………………………………… 77
5.2　安全标志和绝缘防护…………………………………………………… 78
　　5.2.1　安全标志…………………………………………………………… 78
　　5.2.2　电工材料与绝缘防护……………………………………………… 80
5.3　安全防护………………………………………………………………… 83
　　5.3.1　名词解释…………………………………………………………… 83
　　5.3.2　三相四线制供电系统的保护接地………………………………… 84
　　5.3.3　保护接零分析……………………………………………………… 85
　　5.3.4　保护接地、接零线的要求………………………………………… 86

5.4　漏电保护 …………………………………………………………………… 87
　　5.4.1　漏电保护器 …………………………………………………………… 87
　　5.4.2　漏电保护器的技术指标 ……………………………………………… 88
　　5.4.3　漏电保护器的选择 …………………………………………………… 89

第6章　电工技术基础实验 …………………………………………………… 90

实验一　电压源、电流源特性测定及 KVL 验证 ……………………………… 90
实验二　等效电源定理的运用 …………………………………………………… 93
实验三　相量法测量电感元件参数及功率因数的提高 ………………………… 97
实验四　三相交流电路的研究 …………………………………………………… 100
实验五　正弦稳态谐振电路的研究 ……………………………………………… 102
实验六　一阶电路的暂态响应 …………………………………………………… 108
实验七　单相变压器特性测试 …………………………………………………… 111
实验八　三相笼型电动机运行及控制 …………………………………………… 113
实验九　三相电动机功率测量及能耗制动 ……………………………………… 115
实验十　行程控制和时限控制 …………………………………………………… 120

附录A　指针式电工仪表表盘上常用的符号及其意义 ………………………… 123

附录B　电工实验台和常用设备 ………………………………………………… 125
　B.1　电工实验台 …………………………………………………………………… 125
　B.2　实验室常用设备 ……………………………………………………………… 137

参考文献 …………………………………………………………………………… 150

第1章 指针式电工仪表

1.1 概 述

1.1.1 指针式电工仪表的组成

指针式电工仪表主要由测量机构和测量线路组成,配上读数装置就可以由指针的偏转指示来取得测量的量值。

1. 测量机构

指针式电工仪表的测量机构是一个接受电量后产生偏转运动的机构。它能将被测电量转换成仪表可动部分的偏转角,并在转换过程中保持接受的电量和产生的偏转角成函数关系。测量机构大都由固定部分(永磁材料或线圈)和可动部分(线圈或软磁铁片)两大部分组成。这两部分通过电磁力的相互作用来产生转动力矩带动指针偏转以指示电量,故常称这种测量机构为机电式测量机构,这类仪表也随之称为机电式电工仪表。

2. 测量线路

指针式电工仪表测量线路的作用,是将被测量 x(如电流、电压、相位、功率等)转换为测量机构可以直接接受的过渡量 y(如电流),并保持一定的变换比例。测量线路通常由电阻、电感、电容及电子元件组成。

同一种测量机构配合不同的测量线路,可组成多种测量仪表。指针式电工仪表的测量过程如图 1-1 所示。

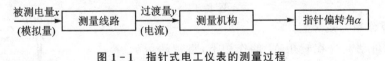

图 1-1 指针式电工仪表的测量过程

3. 读数装置

指针式电工仪表的读数装置由指示器和标尺(又称刻度盘)组成。

指示器有指针式和光标式两种。指示器的指针由铝或玻璃纤维制成,重量极轻。指针式又分为刀形和矛形。刀形指针要近观细看,多用于便携式仪表中,以利取得精确读数;矛形指针远看醒目,用于大、中型安装式仪表中,便于一定距离之外读取指示值。

光标式指示器不用指针读取指示值,它借助于一套光学系统将测量机构的偏转角聚成一个光点射到刻度盘上来读取指示值,它可以完全消除视差,但结构复杂,只在一些高灵敏度、高准确度的仪表上使用。

标尺是一块标有刻度的表盘,标尺可以是线性的(刻度均匀),也可以是非线性的(刻度不均匀)。为减小视差,0.5 级以上的精密仪表通常在标尺下面安装一个反射镜(又称为镜子标尺),当看到指针和指针在镜子中的影像重合时才进行读数。

指针式电工仪表的表盘除了读数装置外,尚有一定的空间,常用来将仪表的各种技术参数以符号的形式表示在表盘的下方,以便使用者对仪表的性能有一定的了解。指针式电工仪表表盘上常用的符号及其意义详见附录 A。

1.1.2　指针式电工仪表测量机构的基本工作原理

指针式电工仪表的测量机构从结构特点来划分,主要由固定部分和可动部分组成。这两个部分通过电磁力的相互作用产生作用力矩(称为转动力矩,简称转矩),构成驱动机构,给出偏转指示。为了和这个作用力矩取得平衡,从而得到稳定偏转,在可动部分的转轴上必须装有反作用力矩装置,其产生的反作用力矩(也称为控制力矩)用于控制可动部分的偏转。反作用力矩装置一般由游丝、张丝、吊丝等组成,有些特殊仪表也可以用一个通电流的线圈来组成。为了使仪表指针在测量中很快静止以便读数,还需要有阻尼装置。

可见测量机构必须包含转矩装置、反作用力矩装置和阻尼装置三部分。除此以外,在结构上,测量机构还要有支架、转轴、轴承、调零器等附件。

1. 转矩装置

为了使指针式仪表可动部分的偏转角反映被测电量的大小,测量机构必须有产生转动力矩的装置。不同类型的仪表,产生转动力矩的原理和方式也不相同。例如,磁电系仪表是利用永久磁铁与通电线圈之间的电磁力产生转矩,而电动系仪表则利用两个通电线圈之间的电磁力产生转矩。转动力矩 M 的大小与被测量 x(或过渡量 y)、偏转角 α 之间必须满足某种函数关系,即

$$M = f(x, \alpha)$$

2. 反作用力矩装置

仪表可动部分在转矩 M 的作用下,将带动指示器偏转。但是,如果在仪表可动部分上只有转矩而无反作用力矩的作用,则不论被测量为多大,只要转矩 M 能克服可动部分的摩擦力矩,都将使指示器一直偏转到尽头。所以,没有反作用力矩的仪表只能反映被测量的有无,而不能测量其大小。因此在可动部分的转轴上必须装设反作用力矩装置。

反作用力矩装置一般由游丝或张丝构成,图 1-2 为用游丝产生反作用力矩的装置。当可动部分偏转

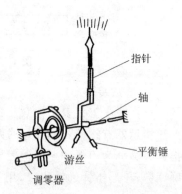

图 1-2　反作用力矩的装置

时游丝被扭紧,利用游丝的弹力(或张丝的扭力)产生反作用力矩。反作用力矩的方向总是与转矩方向相反,而其大小在游丝的弹性变形范围内与可动部分偏转角 α 成正比。

当被测量一定时,测量机构的转动力矩 M 也是一定的,可动部分在这个力矩的作用下开始偏转。随着偏转角 α 的增大,反作用力矩 $M_α$ 也不断增大,直到反作用力矩 $M_α$ 与转矩 M 平衡,此时可动部分不再偏转,而稳定在一定的偏转角 α 上,即

$$M = M_α \tag{1-1}$$

当被测量增大时,测量机构的转动力矩 M 也随之增大,式(1-1)所示的力矩平衡关系被破坏,可动部分又开始转动而使偏转角 α 继续增大,于是反作用力矩随之增大,直到力矩达到新的平衡状态为止。这时可动部分稳定于一个较大的偏转角,正好与被测量增大的数值相对应。这样就达到了用偏转角 α 来表示被测量的目的。

以上所述利用游丝、张丝产生的反作用力矩,属于机械反作用力矩,在仪表中应用较多。此外,有的仪表也用电磁力来产生反作用力矩,如兆欧表等。

3. 阻尼装置

用电工仪表测量时,其可动部分就要偏转。当偏转到 $M = M_α$ 的平衡位置时,由于惯性不能马上停止偏转,会在平衡位置左右来回摆动,这样要经过一段时间才能稳定在平衡位置上。为了减少可动部分摆动的时间以便尽快读数,仪表中还必须有阻尼装置,用来消耗可动部分的动能,即限制可动部分的摆动。常用的仪表阻尼装置,有空气阻尼器和磁感应阻尼器两种,其结构如图 1-3 所示。

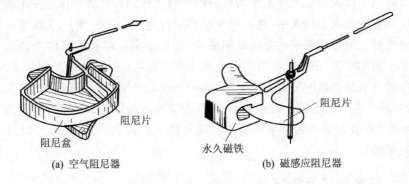

(a) 空气阻尼器　　　　　(b) 磁感应阻尼器

图 1-3　仪表阻尼装置

图 1-3(a)中,空气阻尼器有一密闭小盒(即阻尼盒),盒中的阻尼片固定在仪表转轴上。当可动部分偏转时带动阻尼片运动,由于盒中阻尼片两侧的空气压力差而形成了阻尼力矩。图 1-3(b)所示为磁感应阻尼器。当可动部分偏转时,带动阻尼金属片在永久磁铁的磁场内运动,因切割磁力线将产生涡流,其方向如图 1-4 所示。若阻尼金属片向左运动,则产生的涡流方向如图 1-4 中虚线所示,永久磁铁的磁场 B 和涡流相互作用的结果是产生一个向右的阻尼力矩。

需要指出的是,阻尼力矩只能在可动部分运动时才产生,它仅与可动部分的运动

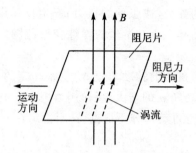

图 1-4 磁感应阻尼器原理

速度有关而与偏转角无关,即可动部分的稳定偏转角只由转动力矩和反作用力矩的平衡关系所确定,而与阻尼力矩无关。

1.2 指针式电工仪表的主要技术指标

通常,指针式电工仪表的主要技术指标包括足够的准确度、适当的灵敏度、良好的标尺特性、较小的阻尼时间、较少的功率损耗、较强的过载能力;除此之外,还要求频率范围宽,绝缘耐压力强,工作环境(温度、湿度等)宽松等。

1.2.1 准确度

指针式电工仪表的准确度通常指仪表的准确度级别。它表示仪表在正确和正常使用下所具有的最大引用误差(将在第 3 章详细叙述),如 1.0 级、2.5 级等。选用仪表的准确度要与测量所要求的准确度相适应,即根据实际需要和具体条件来选用相应准确度级别的仪表,而非一味追求准确度级别越高越好。例如测量三相交流电压,由于供电部门本身提供的参量是线电压 380(1±0.1) V,故只要选用 2.5~5.0 级表就可以,准确度选再高也就没有必要了,而且准确度高的仪表成本也必定会高。通常 0.1 级和 0.2 级仪表多用做标准仪表以校准其他工作仪表;0.5 级、1.5 级仪表可作为一般测量用表。

1.2.2 灵敏度和仪表常数

指针式仪表的指针或光点偏转角的变化量与被测量的变化量之比称为仪表的灵敏度,其表达式为

$$S = d\alpha/dX \tag{1-2}$$

式中,S 为仪表灵敏度;α 为偏转角;X 为被测量。

由此可见,灵敏度取决于仪表的偏转性能,并与被测量性质有关,它是单位被测量的偏转角。灵敏度反映了仪表对被测量的反应能力,单位为:格/安,或格/伏。在电工仪表中,电流灵敏度有时也用指针满偏转(满量程)电流来表示。

将灵敏度的倒数称为仪表常数,用 C 表示,即
$$C = 1/S$$

例如将 1 μA 电流通入微安表,若偏转刻度为 10 格,则其灵敏度 S 为 10 格/1 μA,仪表常数 C 则为 1 μA/10 格。仪表的偏转角一般为 0°～90°或 0°～110°。在有限的偏转范围内,灵敏度越高就意味着量限越小。不同类型仪表,其灵敏度有时相差很大。仪表灵敏度反映了仪表所能测量的最小被测量。对于测量同一被测量(如测量电压)的不同型号仪表,其结构不同,即使有相同的电压灵敏度也可能有不同的电流灵敏度,反之亦然。因此选用仪表时不要顾此失彼,应综合考虑,相互兼顾。

1.2.3 功 耗

当指针式仪表接入被测电路时,经测量线路和测量机构会消耗一些功率,这称为仪表功耗。功耗也是仪表的一个重要参数,它由仪表的类型和结构决定。当被测电路的功率不大时,仪表消耗的功率将会改变电路的工作状态,因而带来很大的测量误差。这种测量误差并不是因为仪表示值不准确而引起的,所以它与仪表的准确度等级无关。仪表消耗的功率对电路的影响,通常可通过仪表内阻来表示:电流表用满标(量程)的电压降表示;电压表用满标的电流或每伏欧姆数表示。因此,选择仪表时其内阻也是要考虑的一个主要因素:电流表应有尽可能小的内阻抗,电压表应有尽可能大的内阻抗;而功率表应具有以上两者的有利因素才能使功耗尽可能小。

仪表功耗的考虑也要根据实际被测电路而定,有时可以不予考虑,而有时则必须考虑。例如用电压表测量稳压电源电压时,无论电压表的内阻抗值为多少(或功耗为多少),该电源电压都不会因仪表功耗大小而有所改变;相反,若被测电路本身是高阻抗的,那么即使电压表功耗不太大,也会导致被测电路本身的参数的变化,从而引起测量误差。

1.3 磁电系仪表

1.3.1 磁电系仪表测量机构的结构及工作原理

1. 结 构

磁电系仪表测量机构由固定的磁路系统和可动部分组成,其结构如图 1-5 所示。仪表的固定部分是永久磁铁组成的磁路系统,用它来得到一个较强的磁场。在永久磁铁的内极,固定着极掌,两极掌之间是圆柱形铁芯。圆柱形铁芯固定在仪表的支架上,用来减少两极掌间的磁阻,并在极掌和铁芯之间的空气隙中形成均匀辐射的磁场,即圆柱形铁芯的表面,磁感应强度处处相等,且方向和圆柱表面垂直。圆柱形铁芯与极掌间留有一定的空隙,以便可动线圈在空隙中运动。

仪表的可动部分是薄铝片做成的一个矩形框架,上面用很细的漆包线绕很多匝

线圈。转轴分成前、后两个半轴,每个半轴的一端固定在动圈铝框上,另一端通过轴尖支承于轴承中;在前半轴上装有平衡指针,当可动部分偏转时,用来指示被测量的大小。在指针上还装有平衡装置,用来调整仪表转动部分的平衡,使仪表指针指到任何刻度位置,转动部分的重心都和转轴轴心重合,其目的是防止产生附加误差,保证仪表准确度。

磁电系仪表测量机构在可动部分的两半轴上分别装有游丝,用来产生反作用力矩,同时也通过游丝把被测电流导入和导出可动线圈。

磁电系仪表测量机构不设专门的阻尼装置,而是利用铝框架转动时的电磁感应来实现阻尼作用。当铝框在磁场中运动时,因切割磁力线而产生感生电流,磁场与电流相互作用,产生了与铝框运动方向相反的电磁阻尼力,如图1-6所示。在高灵敏度仪表中,为减轻可动部分的重量,通常采用无框架动圈,利用短路线圈中产生的感生电流与磁场相互作用产生阻尼力矩。

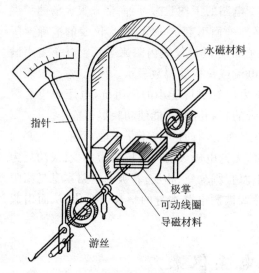

图1-5 磁电系仪表测量机构

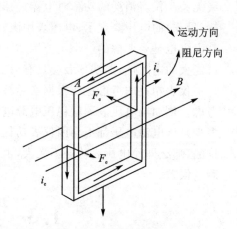

图1-6 铝框架产生阻尼原理

磁电系仪表测量机构按磁路形式的不同又分为外磁式和内磁式两种。外磁式结构是指永久磁铁在可动线圈外部,它具有磁场强、磁力线分布均匀,使刻度尺线性好的特点;内磁式结构是指永久磁铁在可动线圈内部,它具有尺寸小、重量轻、受外磁场影响小、磁性材料消耗少的特点。

2. 工作原理

磁电系仪表测量机构是利用线圈在磁场中受到电磁力作用的原理制成的。当可动线圈中流过电流时,由于永久磁铁的磁场和线圈电流相互作用,产生了电磁力,设气隙中磁感应强度为B,线圈在气隙场中的每边长度为b,当电流I通过线圈时,每匝边受力为F,则

$$F = BbI$$

若线圈匝数为 N,另两边的边长各为 L,则活动线圈所受的转动力矩 M 为

$$M = NFL = NBIbL \tag{1-3}$$

而游丝的材料常数 D 与扭转角为 α 时所产生的反作用力矩 M_α 的关系为

$$M_\alpha = D\alpha \tag{1-4}$$

两者平衡时,有

$$M_\alpha = M \tag{1-5}$$

即

$$D\alpha = NBbIL \tag{1-6}$$

于是

$$\alpha = NBbIL/D \tag{1-7}$$

对于某一种型号的仪表,N、B、b、L、D 都是常数,故 $NBLb/D$ 也是常数,令

$$S_i = NBLb/D \tag{1-8}$$

则

$$\alpha = S_i I \tag{1-9}$$

就有

$$S_i = \alpha/I$$

式中,S_i 称为磁电系仪表的灵敏度,它表示单位被测量所对应的偏转角。

1.3.2 磁电系仪表测量机构的特点

1. 刻度均匀

由式(1-9)可见,磁电系仪表测量机构指针的偏转角 α 与被测电流 I 成正比,因此仪表的刻度均匀,会给准确读数带来方便。

2. 准确度与灵敏度高

磁电系仪表测量机构的磁场由永久磁铁提供,其工作的空隙小,空隙中磁感应强度 B 很大,即使通入的电流较小,也能产生较大的转矩。仪表中由摩擦、外磁场影响引起的误差相对较小,因而准确度高。由式(1-8)可知,磁感应强度 B 越大,仪表灵敏度 S_i 越高,电流限量可小到 $1\ \mu A$。

3. 功率消耗小

由于测量机构内部通过的电流很小,所以仪表消耗的功率也很小。

4. 过载能力小

因为被测电流是通过游丝导入和导出的,且动圈的导线很细,所以过载时很容易引起游丝的弹性发生变化和烧毁可动线圈。

5. 只能测量直流电流

因为内部永久磁铁产生的磁场方向恒定,所以只有通入直流电流才能产生稳定的偏转。如果线圈中通入的是交流电量,则由于电流方向不断改变,转动力矩也在交

变,可动的机械部分来不及反应,指针只能在零位附近摆动而得不到正确读数。

1.3.3 磁电系仪表测量机构的应用

1. 磁电系直流电流表

由于磁电系直流电流表测量机构的灵敏度高,所以用它可以制成测量小到若干微安的微安表和毫安表,配上合适的分流电阻(测量电路),它也可以制成测量大到几十安培的电流表。

2. 磁电系直流电压表

磁电系仪表测量机构串联上适当的附加电阻就将被测的电压量转换成与之成比例的小电流,这个电流通过测量机构的活动线圈就能指示被测的电压量。由于磁电系仪表测量机构有比较高的灵敏度,所以用它组装成的电压表也有比较高的内阻。

3. 磁电系直流微安表或指零仪表

由磁电系仪表测量机构构成的直流微安表及指零仪表常用于电位差计和电桥。为了提高灵敏度,检流计中用悬挂张丝或悬丝来代替转轴,并应用光点反射以扩大标尺长度。磁电系检流计的灵敏度可达 $3\times10^{-3}\mu A$ 以上。

4. 作为其他常用仪表的测量机构

磁电系仪表测量机构可作为其他常用仪表的测量机构,如欧姆表、兆欧表、热偶系仪表,尤其在万用表、整流系仪表等中被广泛采用。

1.4 电磁系仪表

1.4.1 电磁系仪表测量机构的结构及工作原理

电磁系仪表测量机构根据结构形式的不同,分为吸引型和排斥型两种。目前电磁系仪表测量机构中吸引型产品较多,以此作介绍。

1. 吸引型测量机构的结构

吸引型测量机构的结构如图 1-7 所示。它主要由固定线圈和可动铁片(偏心地装在转轴上)组成,转轴上还装有指针、阻尼片和游丝等。游丝的作用与磁电系测量机构不同,它只产生转矩而不通过电流。阻尼一般采用空气阻尼器。

当线圈通电后,线圈产生的磁场将可动铁片磁化,从而对铁片产生吸引力,如图 1-8 所示。随着铁片被吸引,固定在同一转轴上的指针也随之偏转,同时游丝产生反作用力矩,故称为吸引型测量机构。若流过线圈的电流方向改变,则线圈产生磁场的极性及可动铁片被磁化的极性也随之改变,两者之间仍保持吸引。

2. 吸引型测量机构的工作原理

如图 1-8 所示,吸引型测量机构是利用线圈通入交、直流电流时,由电磁力产生一定方向的转矩带动可动铁片,固定在可动铁片上的转轴带动指针偏转,从而指示被

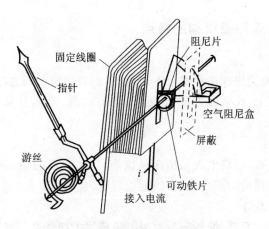

图 1-7 吸引型测量机构的结构

测量。其电磁吸力是通电线圈与被磁化的铁片相互作用产生的。线圈内磁场强度与接入线圈电流的平方成正比,即瞬时力矩由电流的平方(i^2)决定。活动部分在被测电流变化一个周期内的平均力矩则决定于电流在一个周期内的平均值(即被测电流的有效值 I)的平方。线圈内的磁势(NI,即安匝数)大,则线圈的磁场也强,吸力也就大。转矩为

$$M = K_i(NI)^2 \tag{1-10}$$

式中,K_i 是一个与线圈、铁片尺寸和形状及它们间的相对位置有关的系数;N 为线圈匝数;I 可以是直流电流,也可以是交流电流的有效值。

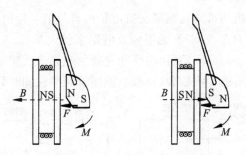

图 1-8 吸引型测量机构的工作原理

当转矩与游丝的反作用力矩平衡,即 $M_\alpha = M$ 时,有

$$D\alpha = K_i(NI)^2 \tag{1-11}$$

则

$$\alpha = K_i(NI)^2/D \ \text{或} \ \alpha = K(NI)^2 \tag{1-12}$$

式中,$K = K_i/D$ 是一个系数;D 是游丝的反作用力矩系数。

式(1-12)说明电磁系仪表测量机构的偏转角与被测电流的平方成正比,故可用其指针的偏转角来表示被测量的大小。

1.4.2 电磁系仪表测量机构的特点

1. 过载力强

电磁系仪表的测量机构可动部分不通电流,只有测量线圈通过电流,故一般用较粗的导线绕制,可直接测量较大的电流,其结构简单、牢固且过载力强,而且造价低廉。

2. 交、直流两用

从式(1-10)可知,理论上吸引型测量机构可交、直流两用。电磁系仪表与磁电系仪表相比,前者消耗的功率较大,灵敏度也较低。

3. 标尺刻度不均匀

从式(1-12)可以看到,偏转角与被测电流成平方律关系。尽管在测量机构上作了改进,但标尺刻度仍不是均匀的。因此,在仪表标尺的始末端常各标有一黑点,用以表明黑点以外的误差大,尽量避免使用。

4. 受外磁场影响大

测量机构的力矩是靠被测电流流过固定线圈产生的磁场得来的,一般较弱,若不采取磁屏蔽措施,仅地球磁场的影响就可造成1%的误差。可见,对电磁系测量机构进行屏蔽是必要的。

1.4.3 电磁系仪表的分类

1. 电磁系交流电流表

电磁系仪表测量机构可直接测量交流电量的有效值。但因测量机构中线圈的阻抗随被测电流的频率而变,所以不能用分流电阻来扩大量程。一般扩大量程的方法是将测量机构的线圈绕组分段,利用串联和并联的改接来改变量程,如图1-9所示。由于读数受频率与波形的影响较大,一般只能用于频率在 800 Hz 以下的电路。

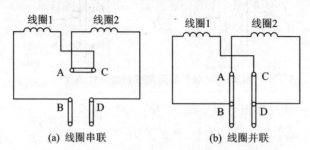

图 1-9 电磁系交流电流表扩大量程法

2. 电磁系交流电压表

电磁系交流电压表是由固定线圈和附加分压电阻 R 串联组成的,如图 1-10 所示。扩大量程的方法是将测量机构的线圈绕组分段,进行串联和并联后,再与附加分压电阻串联。

3. 电磁系直流仪表

电磁系测量机构也可做直流仪表使用,且无极性之分。但由于可动铁片(铁磁物质)上会产生磁滞和涡流,当被测量缓慢增加时会给出比实际值较低的读数,而当被测量减小时它又会给出比实际值较高的指示值,并且每次测

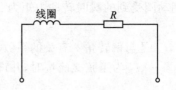

图 1-10　电磁系交流电压表原理图

量值都和该次测量前仪表可动铁片的磁状态有关。因此,使用电磁系测量机构测量直流不是最好的选择。

1.5　电动系仪表

1.5.1　电动系仪表测量机构的结构及工作原理

1. 结　构

电动系仪表测量机构是利用两个通电线圈之间的电动力来产生转矩的,其结构如图 1-11 所示。它有一对平行排列的固定线圈(称为定圈或电流线圈),内部有一个可动线圈(称为动圈或电压线圈)。动圈可以在定圈内自由转动,动圈与转轴固接在一起,转轴上装有指针和空气阻尼器的阻尼片。游丝用来产生反作用力矩和导流。

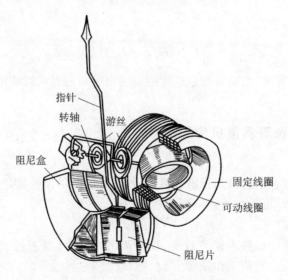

图 1-11　电动系测量机构的结构

2. 工作原理

当电动系仪表测量机构的定圈和动圈分别通入电流时,定圈产生磁场,动圈受到

定圈的磁场对它的作用力而产生偏转。设通过定圈的电流为 i_1，通过动圈的电流为 i_2，则动圈受到的瞬时转动力矩为

$$M_t = k_a i_1 i_2 \quad (1-13)$$

式中，k_a 是与偏转角 α 有关的系数，与电流 i_1、i_2 无关。

当 i_1、i_2 为正弦交流量时，并设 i_1、i_2 两电流间的相位差角为 φ，有

$$i_1 = I_{1m} \sin \omega t$$
$$i_2 = I_{2m} \sin(\omega t - \varphi)$$

则

$$\begin{aligned} M_t &= k_a i_1 i_2 = k_a \times I_{1m} \sin \omega t \times I_{2m} \sin(\omega t - \varphi) \\ &= k_a I_{1m} I_{2m} \times \frac{1}{2} [\cos \varphi - \cos(2\omega t - \varphi)] \\ &= k_a I_1 I_2 \times [\cos \varphi - \cos(2\omega t - \varphi)] \\ &= k_a I_1 I_2 \cos \varphi - k_a I_1 I_2 \cos(2\omega t - \varphi) \end{aligned} \quad (1-14)$$

由于偏转角 α 的大小取决于瞬时转动力矩在一个周期内的平均值，所以式(1-14)中第一项与时间无关，而第二项在一个周期内的平均值为零。因此平均力矩为

$$M_{av} = k_a I_1 I_2 \cos \varphi \quad (1-15)$$

式中，I_1、I_2 分别为流过定圈和动圈电流的有效值；φ 为两个电流间的相位差。

设游丝反作用力矩系数为 D，则当可动部分偏转角为 α 时，游丝产生的反作用力矩与平均力矩平衡。公式如下：

$$M_a = D\alpha = M_{av} \quad (1-16)$$

即

$$\alpha = \frac{k_a}{D} I_1 I_2 \cos \varphi = K_a I_1 I_2 \cos \varphi \quad (1-17)$$

从式(1-17)可见，电动系测量机构的偏转角 α 与通过两线圈电流的相位差角的余弦成正比。

1.5.2 电动系仪表测量机构的特点

1. 准确度高

电动系仪表测量机构内部没有铁磁物质，不产生磁滞误差，因此它的准确度可以达到 0.1～0.05 级，可做交流精密测量之用。

2. 测量范围广

电动系仪表测量机构不仅可做交、直流两用，而且可以测量非正弦电流的有效值；采用频率补偿后，交流工作频率为 15～2500 Hz。

3. 标尺刻度均匀

由式(1-17)可知，电动系仪表测量机构制成的功率表，标尺刻度均匀。

4. 读数易受外磁场影响

因为电动系仪表测量机构的固定线圈内部是空气，磁阻大，故工作磁场很弱。为

了消除外磁场的影响,线圈系统要采用磁屏蔽方式。

5. 过载能力小

电动系仪表测量机构进入可动线圈的电流要经过游丝,如果电流过大,游丝将变质或烧断。

6. 功耗大

电动系仪表测量机构本身产生的磁场小,为了产生足够转矩所需的磁势,必须要有一定量的电流,所以仪表消耗的功率很大,从而使灵敏度也相应降低。

1.5.3 电动系仪表的分类

1. 交流电流表

将电动系仪表测量机构的动圈和定圈串联,再在动圈中用低电阻分流就构成了交流电流表。此时流经线圈的电流 $I_1=I_2=I$,且 $\cos\varphi=1$(同相),由式(1-17)可知,此时偏转角 $\alpha=KI^2$,可见偏转角与电流成平方律关系,刻度特性是非线性的。

2. 交流电压表

将电动系仪表测量机构的定圈、动圈和高阻值附加电阻串联就构成了交流电压表。但刻度特性与交流电流表一样,仍是非线性的。

由于电动系测量机构作为交流电流表与交流电压表的刻度特性是非线性的,起始部分刻度很密而不易读准确。因此与磁电系仪表一样,在电动系仪表标尺的起始端常标有一黑点,用以表明黑点以外的部分不宜使用。

3. 功率表

若将电动系测量机构的定圈和负载串联(测量电流 I),动圈和附加电阻 R 串联后再与负载并联(测量电压 U),式(1-17)就成为 $\alpha=K_aUI\cos\varphi$,显然可用做测量功率。

1.5.4 电动系仪表的使用

用电动系仪表测量机构来测量电路的功率是电动系仪表的一个主要用途,测量电路如图1-12及图1-13所示。

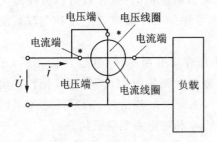

图1-12 电压端钮前接测量电路

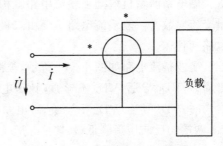

图1-13 电压端钮后接测量电路

1. 接线时要注意端钮的标记

功率表指针偏转角是对一定的电压、电流参考方向而言的。这个参考方向是电压由电压端标有"＊"(或±)的记号端至无记号端,电流由电流线圈上标有"＊"(或±)的记号端至无记号端。功率表的两对端钮各有一个端钮上标有"＊"(或±)的标记,称为发电机端,如图 1-12 和图 1-13 中加"＊"的端钮。

测量时功率表的一对电压端钮与负载并联,它的发电机端可接在电源侧(称电压端前接),如图 1-12 所示,也可接在负载侧(称电压端后接),如图 1-13 所示。功率表的一对电流端钮与负载串联如图 1-12 或图 1-13 所示,当负载吸收功率或电路中 $\cos\varphi > 0.5$($|\varphi| < 60°$)时,电流端钮的发电机端必须接在电源侧,保证电流从发电机端流入;当负载发出功率或电路中 $\cos\varphi < 0.5$($|\varphi| > 60°$)时,电流端钮的发电机端必须接在负载侧。

2. 量　程

功率表的量程是电流线圈的电流量限和电压线圈的电压量限的乘积。由于功率表的指示是按照 $UI\cos\varphi$ 给出的,所以当电压、电流间的相位差较大时仪表的指示值可能很小,而电压或电流的有效值却可能很大。但是功率表的电压、电流线圈也和一般的电压表、电流表一样,有一定的额定值,使用时要注意,即使仪表指示值不大(甚至接近零值),但电压或电流线圈也还是有可能已过载,因此测量功率时通常要用电压表和电流表进行监视。

3. 读　数

测量中若指针反偏转而无法读数,则有可能是负载发出功率,或电流、电压间相位差大于 60°,此时将电流线圈发电机端改接于负载端,使指针恢复正常偏转;但测量的功率应记为负(表明是负载发出功率,或电流、电压间相位差大于 60°)。

1.6　整流系仪表

1.6.1　整流系仪表测量机构

磁电系测量机构配上整流电路就构成了整流系测量机构,这样就可以方便地测量交流参数。一般整流电路主要由二极管组成,常用的有半波整流电路和全波整流电路两种。

半波整流电路如图 1-14 所示,被测交流电压在 a、b 两端,经电阻 R 降压后,正半周时,VD_1 导通,VD_2 不导通,脉动电流流过磁电系测量机构,产生指针偏转。负半周时,VD_2 导通,VD_1 不导通,磁电系测量机构无反向电流流过,VD_2 导通时又使 a、c 两端的反向压降降低(压降<1 V),保护了 VD_1 和磁电系测量机构。

全波整流电路如图 1-15 所示,不论是在交流电的正半周或负半周,均有正向脉动电流流过磁电系测量机构,产生指针偏转。

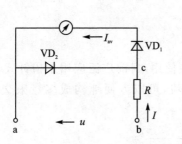 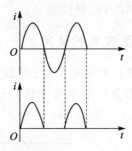

图 1-14 半波整流电路和整流前后的波形

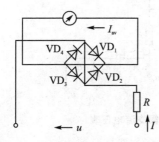 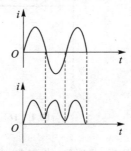

图 1-15 全波整流电路和整流前后的波形

如图 1-14 和图 1-15 所示,流过磁电系测量机构的电流都是脉动的,磁电系测量机构的指针偏转取决于平均转矩,平均转矩与整流电流的平均值成正比。

对于半波整流电路,当被测量是正弦量时,流过表头的平均电流 I_{av} 为

$$I_{av} = \frac{1}{\pi} I_m = 0.318 I_m \tag{1-18}$$

式中,I_m 为正弦量的峰值电流,折算成被测电流的有效值 I,则有

$$I = \frac{I_m}{\sqrt{2}} = 0.707 I_m$$

电流的有效值与平均值之比为

$$\frac{I}{I_{av}} = \frac{0.707 I_m}{0.318 I_m} = 2.223$$

则

$$I = 2.223 I_{av}$$

电流平均值为

$$I_{av} = I/2.223 = 0.45 I \tag{1-19}$$

对于全波整流电路,电流平均值为

$$I_{av} = 0.45 I \times 2 = 0.9 I \tag{1-20}$$

根据平均电流的关系式来分度磁电系测量机构刻度盘的刻度,在测量正弦量时就可直接读出有效值。一般将这种仪表称为平均值响应仪表,将交流转换成直流的

装置又常称为 AC/DC 转换装置。

1.6.2 整流系仪表的使用

整流系仪表较少独立作为交流仪表使用,目前广泛应用于指针式万用表的交流电压测量。利用分压电阻先分压后整流,可以方便地构成多量限交流电压表,如图 1-16 所示。

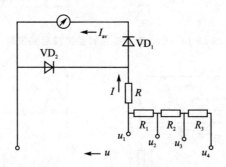

图 1-16 多量限交流电压表

1.6.3 常见指针式系列仪表技术指标

各种常见指针式系列仪表的最高灵敏度、阻抗等技术指标可见表 1-1。

表 1-1 常见指针式系列仪表技术指标比较

系 列	最高灵敏度	满标指标		近似阻抗精度	标尺形式	频率范围/Hz
		I_{max}/A	V_{min}			
磁电系	5 μA	30	5 mV	100 Ω/V～200 kΩ/V	线性	直流
电磁系	5 mA	50	1.5 V	50 Ω/V～几百 Ω/V	非线性	直流,10～800
电动系	5 mA	20	15 V	50 Ω/V～几百 Ω/V	近似线性	直流,10～2 500
整流系	几十 μA	5	2.5 V	1 Ω/V～100 kΩ/V	近似线性	直流,20～10 000

1.7 磁电系比率表

1.7.1 磁电系比率表测量机构和兆欧表工作原理

1. 磁电系比率表测量机构

磁电系比率表测量机构如图 1-17 所示。固定部分是永磁材料。可动部分有两个相互位置固定且安装在同一转轴上的可动线圈,一个线圈产生转矩,另一个线圈产生反作用力矩(整个动圈不采用游丝来产生反作用力矩)。动圈的电流由柔软而无反抗力矩的金属导流丝作为引流,因此动圈位置是任意的。在不测量时,指针可在任意位置(不一定在零的位置)。

2. 兆欧表工作原理

兆欧表又称为绝缘电阻表,用于测量电气设备的绝缘电阻。由于绝缘电阻阻值很大,因此标尺分度用"兆欧"做单位,故称为兆欧表。它在电气安装、检修和绝缘试验中应用十分广泛。

兆欧表是典型磁电系比率表,其原理如图 1-18 所示。它的主要部分由磁电系比率表测量机构和一台直流手摇发电机组成,发电机电压一般为 500~5 000 V。

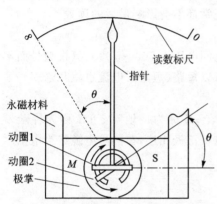

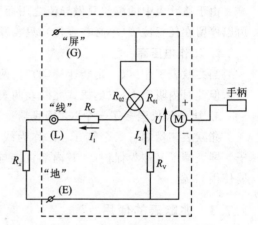

图 1-17 磁电系比率表测量机构示意图　　图 1-18 兆欧表的原理图

近年来兆欧表有采用电池给振荡器供电,经过倍压整流等半导体电路来代替手摇发电机的。因手摇发电机简单可靠,所以仍然被广泛使用。

若将被测绝缘电阻 R_x 接在端子"线"与"地"之间,如图 1-18 所示,则当发电机 M 的手柄转动时,动圈 1 和动圈 2 中分别有电流为

$$I_1 = U/(R_{01} + R_C + R_x) \tag{1-21}$$

$$I_2 = U/(R_{02} + R_V) \tag{1-22}$$

式中,R_{01} 和 R_{02} 分别为两个动圈的电阻;R_C 和 R_V 为附加电阻;I_1 与 R_x 有关;I_2 与 R_x 无关。

两个动圈在 I_1 和 I_2 作用下产生方向相反的力矩,均与动圈位置有关,即有

$$M_1 = B_1 S_1 \omega_1 I_1 = I_1 f_1(\alpha) \tag{1-23}$$

$$M_2 = B_2 S_2 \omega_2 I_2 = I_2 f_2(\alpha) \tag{1-24}$$

式中,S_1、S_2 和 ω_1、ω_2 均为常数;气隙中 B 是位置的函数。

当力矩平衡($M_1 = M_2$)时,线圈停止转动,此时

$$I_1 f_1(\alpha) = I_2 f_2(\alpha) \tag{1-25}$$

即

$$I_1/I_2 = f_2(\alpha)/f_1(\alpha) = f(\alpha) \tag{1-26}$$

取反函数

$$\alpha = F(I_1/I_2) = F[(R_{02}+R_V)/(R_{01}+R_C+R_x)] \qquad (1-27)$$

式(1-27)表明：线圈偏转角 α 的大小只与 I_1、I_2 两个电流的比值有关，而与两个电流的数值大小和电源电压无关，故兆欧表也称为流比计。

1.7.2 兆欧表的特点

1. 指针的随意性

由于兆欧表中的游丝只做导流之用而不产生反抗力矩，因此在测量之前其指针可以停留在任意位置(不必在零位)，只要操作正常都不会影响最后的读数。

2. 工作电压高

当兆欧表工作(以一定转速摇动)时，两表笔间电压为 500～5 000 V(视型号而不同)，但此时内阻很大，发电机式兆欧表两表笔可以短路(短路时电流也就几毫安)。

3. 比一般仪表多了一个"G"接线端

兆欧表测量端有三个端子：L 称为线路端子；E 称为接地端子；G 称为屏蔽端子。屏蔽端子又称为保护环，其内部直接与发电机正极相连，在测量电缆绝缘电阻时要使用 G 端。

1.7.3 兆欧表的使用

1. 测量仪表的选择

根据电气设备额定电压来选表。例如，500 V 以下的设备一般用 500 V 绝缘电阻表；高压瓷瓶、母线、刀闸一般用 2 500～5 000 V 绝缘电阻表。

2. 先切断电源

用兆欧表测量设备的绝缘电阻时，必须先切断电源。对具有较大电容、电感的设备(如电容器、变压器、电机、电缆线路等)，必须先进行放电。

3. 基本校验

兆欧表应放在水平位置，在未接线之前，先摇动兆欧表手柄，观察指针是否在"∞"处，再将"L"和"B"两个接线柱短路，慢慢地摇动兆欧表，观察指针是否在"0"处。对于半导体结构的兆欧表不宜用短路校验。

4. 测量电容器、电缆

测量电容器、电缆、大容量变压器和电机的绝缘电阻时，被测对象要有一定的充电时间，电容量越大，充电时间应越长。一般以兆欧表转动 1 分钟后测出的读数为准。

5. 测量接线

测量时三个接线端钮中分别标有"L"(线路)、"E"(接地)(或被测物的接地外壳)、"G"(屏蔽)。其中"L"接在被测物和大地绝缘的导体部分，"E"接在被测物的外壳或大地，"G"接在被测物的屏蔽环上。

6. 摇动手柄的转速

在摇动手柄测量绝缘时,应使兆欧表保持额定转速,一般为 $120×(1±20\%)$ r/min。当被测设备电容量较大时,为了避免指针摆动,可将转速提高到 130 r/min。

1.8 指针式万用表

1.8.1 指针式万用表的结构和工作原理

1. 结构

指针式万用表简称万用表,其外观和面板布置虽不相同,功能也有差异,但一般均由测量机构、测量线路及量程转换开关三个基本部分构成。

(1) 测量机构

指针式万用表的测量机构常称为表头,它是高灵敏度的磁电系仪表测量机构,其满偏电流从几微安到几十微安,准确度在 0.5 级以上,构成万用表后准确度为 1.0～5.0 级。根据不同测量功能和量程,在测量机构的表盘上标有多条刻度标尺,可以直接读出被测量值。

(2) 测量线路

测量线路是万用表实现多种电量测量、多种量程变换的电路。测量线路能将各种待测电量转换为磁电系仪表测量机构能接受的直流电流。

万用表的功能越强,测量范围越广,测量线路也越复杂。测量线路是万用表的中心环节,它对测量误差影响较大,对测量线路中使用的元器件,如电阻、电位器、电容器及半导体器件等,要求性能稳定、温度系数小、准确度高、工作可靠。

(3) 量程转换开关

量程转换开关是万用表实现多种电量、多种量程切换的一个基本部分,它由活动触点与固定触点组成。当两触点闭合时,电路接通。通常将活动触点称为"刀",固定触点称为"掷",万用表需切换的线路较多,因此采用多刀多掷转换开关。当一层刀掷不够用时,还可用多层多刀掷转换开关,通过旋转使"刀"与不同的"掷"闭合,就可改变或接通所需要的测量线路,达到切换电量和量程的目的。

2. 工作原理

(1) 直流电流的测量原理

万用表测量直流电流通常采用闭路式多量程分流器,经转换开关切换接入不同的分流电阻,以实现不同量程电流的测量,线路如图 1—19 所示。采用闭路式多量程分流器时,由于转换开关的接触电阻与分流电阻的阻值无关,故它引起的误差极小。

(2) 直流电压的测量原理

万用表直流电压测量线路,通常采用共用分压式附加电阻来构成多量限直流电压表,如图 1-20 所示。

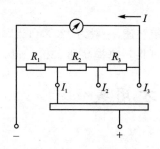
图 1-19 直流电流测量电路

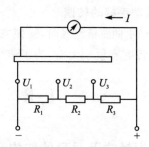
图 1-20 直流电压测量电路

(3) 交流电压的测量原理

由于万用表测量机构采用磁电系仪表测量机构,所以测量交流电压必须采用 AC/DC 转换装置。目前常用的 AC/DC 转换装置是二极管半波整流式转换装置,详见 1.6 节整流系仪表,测量线路如图 1-21 所示。

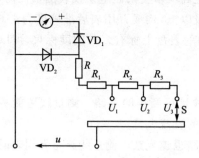
图 1-21 交流电压测量电路

直接利用二极管整流方式测量交流电压时,由于二极管的非线性和二极管的正向压降,在测量低电压时会有较大误差。弥补的方法是当测量小于 10 V 的交流电压时,在万用表读数标尺的最下方加一条专读测量交流电压 10 V 以下的刻度线。

(4) 交流电流的测量原理

万用表测量交流电流除了用 AC/DC 整流式转换装置外,还需要用电流互感器来减小等效阻抗并扩大量程。其结构较复杂,目前除少数万用表有测量交流电流功能外,一般均无此功能。

(5) 电阻的测量原理

万用表电阻测量线路,通常采用被测电阻 R_x 与内阻为 r 的表头及内附电池串联的电路,如图 1-22 所示。

在该电路中流过测量机构(表头)的电流为

$$I = E/(R_x + r) \qquad (1-28)$$

① 当 $R_x=0$(被测电阻短路,S 置于位置 1)时回路电流最大,为使这时的 I 刚好等于表头满偏转电流 I_0,用可调电阻 RP 进行调节。将 $I = \dfrac{E}{r} = I_0$。这一点定为零欧姆刻度。

② 当 $R_x=\infty$(S 置于位置 2)时电路处于开路状态,回路电流为零,表头指针不偏转,该点定为欧

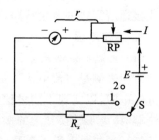
图 1-22 电阻测量电路

姆表无穷大刻度。

当 R_x 在 $(0, \infty)$ 范围内变化时,指针也在 $0 \sim \infty$ 刻度范围内变化。欧姆刻度的指示值与电流、电压刻度指示值是相反的,而且是不均匀的,如图 1-23 所示。

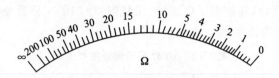

图 1-23 欧姆刻度标尺

③ 如果 $R_x = r$,则

$$I = \frac{E}{2r} = \frac{1}{2} I_0 \tag{1-29}$$

可见,当电路的总电流 I 等于满偏电流 I_0 的一半时,指针的偏转位置正好是标尺满刻度的一半,即指在标度尺的几何线中心。此时指针所指的欧姆值称为该量程的电阻中心值。电阻中心值有特殊的意义,因为它正好等于该量程欧姆表的总内阻。因此欧姆表量程的设计都以标尺中心刻度为标准,然后求出其他电阻挡的刻度值。只有在被测电阻等于欧姆中心值时误差才最小。虽然电阻挡的量限从零到无穷大,似乎测量时不需改变量限,但由于欧姆标尺的非线性影响,所以只有在一般被测电阻的 $0.1 \sim 10$ 倍欧姆中心值范围内时读数才较准确,否则将造成很大的读数误差。为此,万用表的电阻测量线路都设计成多量程电路。为了共用一条标尺,一般都以 $R \times 1$ 挡为基础,按 10 的倍数来扩大量程,如 $R \times 1$、$R \times 10$、$R \times 100$、$R \times 1000$、$R \times 10000$ 等。而各量程挡的欧姆中心值(即仪表总内阻)也按 10 的倍数扩大。

当增大仪表总内阻后,流过表头的电流势必减小,在 $R = 0$ 时,不能使指针指到欧姆零刻度。为此,在扩大量程的同时还需增大表头电流。增大表头电流常用的方法是,在高阻量程时再接入一个电压较高的电池。

1.8.2 指针式万用表的特点和技术指标

1. 特 点

(1) 多用途、多量限

万用表可以测量交直流电流、电压,测量电阻;大部分表还附有测量晶体管 β 参数等功能。

(2) 灵敏度高

高灵敏度是万用表的主要特点之一。其电流灵敏度以测量机构的满刻度电流表示,一般小于 80 μA;电压灵敏度用每伏电压的内阻 Ω/V 表示,一般大于 10 kΩ/V。

(3) 准确度较低

磁电系仪表测量机构准确度较高,在 0.5 级以上,但组成万用表后由于测量线路等综合误差,准确度降低 $2.5 \sim 5.0$ 级。

2. MF47型指针式万用表的技术指标

指针式万用表品种繁多、型号各异,了解其性能和技术指标,对使用有很大帮助。

MF47型指针式万用表是一种最常见的磁电系便携式电工仪表。除了可以测量电流、电压和电阻之外,还扩展了电流、电压量程,增加了三极管、电容和电感测量等功能,MF47型万用表技术指标见表1-2。

表1-2 MF47型万用表技术指标

挡 位	量 程	准确度	灵敏度
VDC	共8挡:0.25 V,1 V,2.5 V,10 V,50 V,250 V,500 V,1 000 V	2.5	20 kΩ/V
VDC(扩展)	2 500 V	5.0	
VAC	10 V,50 V,250 V(频率范围:45～5 000 Hz) 500 V,1 000 V,2 500 V(频率范围:45～65 Hz)	5.0	4 kΩ/V
IDC	共5挡:0.05 mA,0.5 mA,5 mA,50 mA,500 mA	2.5	0.3 V
IDC(扩展)	10 A	5.0	
Ω	$R\times 1, R\times 10, R\times 100$	2.5(以标尺弧长计)	电阻中心值为22 Ω
	$R\times 1 000, R\times 10 000$	10.0(以指示值计)	
晶体管直流放大倍数 h_{FE}	0～300		
电感	20～1 000 mH		
电容	0.001～0.3 μF		
音频电平	−10～+22 dB		0 dB=1 mW 600 Ω(把600 Ω的负载消耗1 mV的功率作为0 dB)

MF47B、MF47C、MF47F型指针式万用表还增加了负载电压(稳压)、负载电流的测量功能和红外遥控器数据检测功能及通断蜂鸣提示功能。负载电压(稳压)和负载电流的测量,主要是针对不同电流下的非线性器件(如发光二极管、稳压二极管等)电压降性能参数或反向电压降性能参数;红外线遥控器数据检测功能用以判别红外线遥控器数据传输发射器(如空调、彩电的红外线遥控器)工作是否正常;通断蜂鸣提示功能则可凭借听力来直接检测电路的通断。

第 2 章　现代电工仪表

2.1　电工仪表的数字化测量技术

2.1.1　概　述

1. 电工仪表的数字化

数字式电工仪表简称为数字表,其中配备了 CPU 功能的数字表被称为智能数字多用表,又称为数字多用表(Digital Multimeter,DMM)。

数字式电工仪表采用数字化技术,把连续变化的电量通过 A/D 变换(又称为 ADC,模拟量/数字量变换),转化成离散的数字量,如图 2-1 所示,再以十进制数显示。与图 1-1 指针式电工仪表的测量过程相对应,数字式电工仪表的测量过程如图 2-2 所示。

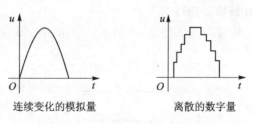

图 2-1　模拟量/数字量变换

图 2-2　数字式电工仪表的测量过程

数字式电工仪表具有体积小、重量轻、分辨力高、准确度高、电压表输入阻抗高、过载力强、显示直观等优点。目前测量电压、电流、电阻、电感、电容等各种电量的数字式电工仪表都已投放市场。数字式电工仪表显示位数从三位半到 12 位半;测量误差可小到百万分之一,因此指针式电工仪表受到严峻挑战。通常,数字式电工仪表不能反映被测电量的连续变化过程及变化趋势,而且使用时要配有电池方能正常工作。

由于计算机技术的快速发展和网络技术的介入,电工仪表的智能化时代已经到来。采用通用总线接口技术和软件技术使得电工仪表的硬件大为简化,性能与价格比也得到很大提高,并且促使电工测量与自动控制相关联,进而向遥测、遥控方向发展。

2. A/D 转换器及其分类

A/D 转换器又称为 A/D 转换电路,其功能是将模拟量转化为数字量,常用的转换方式有逐次逼近式、双积分式 Σ-Δ 调制式和脉冲调宽式等。

由于工作原理不同,常将 A/D 转换器分为直接型和间接型。直接型 A/D 转换器可直接将模拟信号转换成数字信号,这类转换器工作速度快,逐次逼近型 A/D 转换器就属于这一类。而间接型 A/D 转换器则先将模拟信号转换成中间量(如时间、频率等),然后再将中间量转换成数字信号,转换速度比较慢,双积分型 A/D 转换器属于这一类。

2.1.2 双积分型 A/D 转换器

双积分型 A/D 转换器在数字式电工仪表中得到了广泛应用。其优点是准确度较高,电路简单,抗干扰能力强;缺点是转换过程中带来的误差比较大,转换准确度依赖于积分时间而取样速度低。双积分型 A/D 转换器能有效抑制工频 50 Hz 的干扰,且对串入信号高频干扰(如噪声干扰)有良好的滤波作用,而取样速度低的缺点对电工低频测量的影响可以忽略,因此它是一种低速、高可靠性的 A/D 转换器。

1. 双积分型 A/D 转换器原理

双积分型 A/D 转换器原理如图 2-3 所示。它由积分器、过零比较器和控制门电路组成。

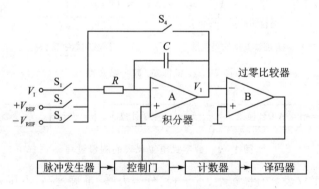

图 2-3 双积分型 A/D 转换器原理图

双积分型 A/D 转换器的工作原理是将输入电压量转换成与其平均值成正比的时间间隔,然后用脉冲发生器和计数器测量该时间间隔,从而反映出输入电压的数值,如图 2-4 所示。

双积分型 A/D 转换器先后对输入信号电压 V_I 和基准电压 V_{REF} 进行两次积分,当积分器电压变为零时,得到一个正比于待测电压 V_I 的时间 T_2,再对 T_2 计数。由于计数值仅与被测电压成正比,所以可以以此实现模拟量到数字量的转换。

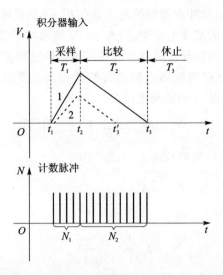

图 2-4 双积分型 A/D 转换器的三个工作阶段

双积分型 A/D 转换器的一个工作周期要经历三个工作阶段：采样、比较和休止阶段。各阶段中用模拟开关按逻辑控制电路发出的时钟脉冲来接通和截止，如图 2-4 所示。

(1) 采样阶段

采样阶段也称正向积分，以时钟脉冲 t_1 为起点，计数器复位时，S_1 接通，使积分器对输入电压 V_1 开始积分，同时时钟脉冲送入计数器计数。设计数器容量为 N_m，时钟脉冲周期为 T_{cp}，则从计数起始时刻 t_1 起，到计数器满 N_m 的时刻 t_2 止，这段时间间隔为

$$T_1 = t_2 - t_1 = N_m \cdot T_{cp} \tag{2-1}$$

由于 N_m 和 T_{cp} 均为常数，故 T_1 也为常数。因此采样阶段中，积分器对输入电压 V_1 的积分时间是固定不变的，即始终为 T_1。若积分器的起始电压为 V_{01}，则在采样阶段结束时，积分器输出电压 V_{02} 为

$$V_{02} = -\frac{1}{RC}\int_0^{T_1} V_1 dt + V_{01} \tag{2-2}$$

令 $\overline{V}_1$ 为输入电压 V_1 在 T_1 时间间隔的平均值，即

$$\overline{V}_1 = \frac{1}{T_1}\int_0^{T_1} V_1 dt \tag{2-3}$$

设积分器的起始电压 $V_{01}=0$，将式 (2-3) 代入式 (2-2)，就有

$$V_{02} = -\frac{T_1}{RC}\overline{V}_1 \tag{2-4}$$

(2) 比较阶段

比较阶段又称反向积分，从 t_2 时刻起转换器进入比较阶段。此时计数器已溢出

(计数器全部为零),溢出脉冲在逻辑控制电路作用下,根据输出电压的极性,将积分器接入与输入极性相反的基准电压 V_{REF}(S_2 或 S_3 接通),于是积分器开始反向积分,计数器重新开始计数。当积分器的输出电压回到起始电压 V_{01} 的时刻 t_3 时,比较器 B 的输出电位突变,通过逻辑控制电路将计数器关闭。所以比较阶段的时间 $T_2 = t_3 - t_2$,到 t_3 时刻,积分器 A 的输出电压为

$$V_{03} = V_{02} - \frac{1}{RC} \int_0^{T_2} V_{REF} \, dt$$

经 T_2 时刻,积分器的输出又回到零电平,即

$$V_{03} = V_{02} - \frac{T_2}{RC} V_{REF} = 0 \qquad (2-5)$$

将式(2-4)代入式(2-5),可得

$$T_2 = -\frac{T_1}{V_{REF}} \overline{V}_1 \qquad (2-6)$$

从式(2-6)可知,比较阶段的时间间隔 T_2 与输入电压 V_1 在 T_1 时间间隔的平均值 $\overline{V}_1$ 成正比,而与操作积分器的积分时间常数 RC 无关,与积分器的起始电压 V_{01} 无关,与基准电压 V_{REF} 成反比。计数器在 T_1 时间计数值为 N_1,在 T_2 时间计数值为 N_2,则可得出

$$N_2 = -\frac{N_1}{V_{REF}} \cdot \overline{V}_1 \qquad (2-7)$$

或

$$\overline{V}_1 = -\frac{N_2}{N_1} V_{REF}$$

从式(2-7)可知,因为计数器在 T_1 时间计数值 N_1 和基准电压 V_{REF} 是固定不变的,所以计数值 N_2 仅与被测电压平均值 $\overline{V}_1$ 成正比,从而实现了模拟量到数字量的转换。式(2-7)中的负号表明 T_2 时间积分器输入反向积分。

(3) 休止阶段

从 t_3 时刻起,到下一个启动脉冲来到之前的时间间隔为休止阶段。此阶段 S_4 接通,积分器输出自动回到起始值(自动调零),即

$$V_{01} = 0$$

从以上对双积分型 A/D 转换器工作过程的分析可见,这种转换器的数字输出量与积分器时间常数($\tau = RC$)无关,从而消除了因积分电路产生斜波电压的有关误差源,对积分元件的准确度要求也不高。由于输入信号 V_1 的积分时间常数固定不变,T_2 仅正比于 V_1 在 T_2 时间的平均值 $\overline{V}_1$,这样叠加在 V_1 上的串模干扰有很强的抑制能力。如设串模干扰信号周期为 T',n 为正整数,可以证明,若使 $T_1 = nT'$,则双积分型 A/D 转换器串模干扰抑制能力在理论上为无穷大。

为了有效地抑制工频 50 Hz 干扰,一般选择 T_1 为 50 Hz,即周期为 20 ms 的整

倍数,如 20 ms、40 ms、80 ms 等。

2. 双积分型集成 A/D 转换电路

双积分型集成 A/D 转换电路是目前三位半和四位半数字式万用表的首选。典型的集成电路芯片如 ICL7106、ICL7107、ICL7116、ICL7117 等内部的 A/D 转换电路均采用双积分型电路,其转换速率为 1~15 次/秒。

2.2 数字直流电压基本表

2.2.1 数字直流电压基本表的组成

数字直流电压基本表是数字电压基本表的核心部件。在数字化测量技术中,往往将待测电量先经电流/电压(I/U)、电阻/电压(R/U)、交流/直流(AC/DC)转化为直流电压,直流电压经电阻分压后进入数字直流电压基本表,最后显示测量结果。

数字直流电压基本表是数字式电工仪表的基础,根据工作原理分成三大部分,其组成的原理框图如图 2-5 所示。

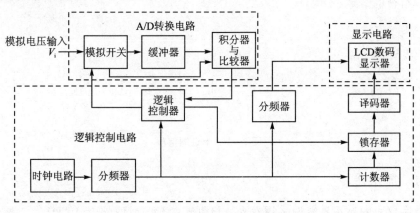

图 2-5 数字直流电压基本表的原理框图

2.2.2 A/D 转换电路

电工仪表中,数字直流电压基本表的 A/D 转换电路大都采用双积分型 A/D 转换器,原理如图 2-3、图 2-4 所示。

2.2.3 逻辑控制电路

数字直流电压基本表的逻辑控制电路(数字电路)主要完成 A/D 转换电路中的输入控制、时序控制和数字显示前的计数、锁存、译码等功能。至少要具备时钟脉冲发生器、分频器、计数器、锁存器、译码器和控制器等数字电路。

时钟脉冲发生器又称为时钟振荡器,是 A/D 转换过程中的"总指挥"。时钟脉与分频器一起完成 A/D 转换过程中的总时序和不同分配时间标准。时钟脉冲发生器输出一个正方波系列脉冲,该脉冲电路可由石英晶体振荡器组成,也可由阻容多谐振荡器组成。为满足不同时序的需求,由分频器对时钟脉冲进行逐级分频,提供数字直流电压基本表的逻辑控制的精确时序和数字显示前计数器的计数脉冲。时钟脉冲用来进行逐级分频,如图 2-6 所示。

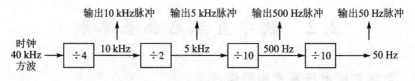

图 2-6 时钟脉冲进行逐级分频

计数器、锁存器是 A/D 转换中数字显示的桥梁。二者主要完成 A/D 转换后将待测量送入数字显示前的计数、锁存和译码等功能。

计数器一般用二-十进制的计数器,通常采用 8421(BCD)码,计数单元用触发器来完成;译码器输出显示器所需笔段 a~g 的状态,如图 2-7 所示,是由输入变量进行各种组合的结果。

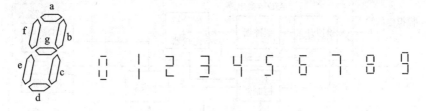

图 2-7 十进制笔段

2.2.4 显示器

数字仪表的显示器普遍采用发光二极管式(LED)或液晶式(LCD)。二者发光原理不同,但都是采用数字 0~9,用 7 个笔段 a b c d e f g 的不同组合构成的发光电极来构成显示器,如图 2-7 所示。

1. LED(发光二极管式)数码显示器

LED 数码显示器由七个条状发光二极管组成,可排列成如图 2-7 所示的数字。若某段发光二极管通以直流,该段就发光。LED 数码显示器的特点是发光亮度较高,但驱动电流较大(每个笔段需电流 5 mA 左右,显示"8"字约需电流 35 mA),适用于固定场合使用的台式数字仪表。

2. LCD(液晶式)数码显示器

液晶是具有晶体特性的流体,具有光电效应。在液晶层加上电压,液晶就改变了透明性,变得浑浊;除去电压,液晶又恢复了透明。利用这个特性可制成反射型液晶显示器。

LCD 数码显示器是在透明的绝缘薄板(如玻璃板)上按要求显示出字符笔段,制作成透明导电薄膜,并引出电极。用反光的金属薄板作背电极,在两电极之间充填液晶,用绝缘密封框封装。其内部接线示意图如图2-8所示。

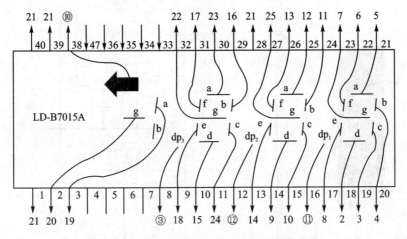

图2-8 LCD数码显示器内部接线示意图

液晶显示器的特点是其本身不发光,只反射光线,环境亮度愈高,显示就愈清晰。它的耗能极低($3\ \mu A/cm^2$),仅为LED的千分之一。但它的驱动器要求提供30~200 Hz、3~10 V的交流方波电压驱动。由于数字直流电压基本表具备逐级分频的时钟脉冲,故驱动方波的电压不难解决。

2.3 便携式数字万用表原理

便携式数字万用表(简称数字万用表)目前大多由一块集成电路芯片为主的电压基本表构成,经过对输入电压、电流的分压、分流、整流等变换后,用数字显示(简称"数显")的方法直接显示测量值。

常见数显三位半芯片配LCD数显的有7106、7116、7126等;配LED数显的有7107、7117、7136等。它们A/D转换的准确度均为0.05%±1个字,输入阻抗均为10^{10} Ω。这些芯片扩展成数字万用表,虽然准确度会有所降低,但准确度仍比经典的指针式表要高,而且所有数字万用表不仅具备了指针表的全部功能,还增加了交流电流的测量和声、光指示等功能,有的表还具有测量温度、电导的功能。

2.3.1 典型数字电压基本表7106芯片

7106集成电路把模拟电路与逻辑电路集成在一块芯片上,是目前数字电压基本表中最常用的大规模三位半CMOS集成电路,如图2-9所示。该电路只需通过其40个引脚与外电路连接,加之少量外围元件和液晶显示器,就组成了具有200 mV直流电压量程的数字电压基本表。

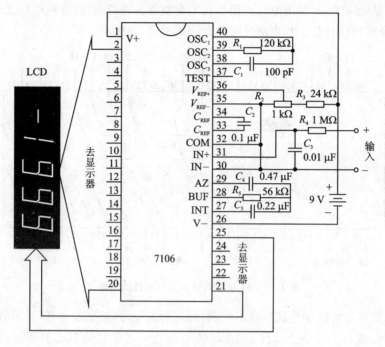

图 2-9 7106 集成电路

数字电压基本表显示值 N 与输入电压 V_i、基准电压 V_{REF} 之间的关系固定为

$$N = 1\,000 V_i / V_{REF} \tag{2-8}$$

基本表的满量程为 200 mV(最大显示值为 199.9 mV,通常写做 200.0 mV)。

由式(2-8)可知,满量程输入电压 $V_i = 200$ mV,满量程显示值 $N = 2\,000$,基准电压应为

$$V_{REF} = 1\,000 V_i / N = \frac{1}{2} V_i \tag{2-9}$$

故满量程输入电压 V_i 为 200 mV 时,基准电压 V_{REF} 应调到 100 mV。

7106 数字电压基本表准确度为 0.05%±1 个字,分辨力为 0.1 mV,输入阻抗为 10^{10} Ω,电压灵敏度为 10^{10} Ω×(1/200 mV)=5×10^{10} Ω/V。

2.3.2 多量程数字式直流电压表

1. 扩大量程

将数字直流电压基本表扩大量程,可采用电阻分压法。由于基本表的输入电阻极大,所以按无穷大处理。而基本表的最大显示值只能到 199.9 mV。扩大量程实际只是单位和小数点的位置变化而已。

如将直流 200 mV 的基本表扩展到量程为 $U_m = 200$ V,且要求输入电阻为 10 MΩ,仪表总内阻 $R_0 = R_1 + R_2 = 10$ MΩ,则分压比为

$$K = U_i/U_m = 0.2/200 = 1/1\,000$$
$$R_2 = KR_0 = 1/1\,000 \times 10 \text{ M}\Omega = 10 \text{ k}\Omega$$
$$R_1 = R_0 - R_2 = 10 \text{ M}\Omega - 10 \text{ k}\Omega = 9.99 \text{ M}\Omega$$

扩大量程电路如图 2-10 所示。

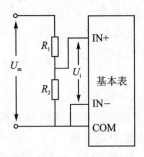

图 2-10 扩大量程电路

2. 多量程数字式直流电压表原理

多量程数字式直流电压表由数字基本表、量程转换开关、多组分压器组成。当为五量程数字式直流电压表时,多组分压器采用共用附加分压电阻,如图 2-11 所示。仪表输入阻抗 $R_0 = 10$ MΩ,各分压电阻阻值为 $R_1 = 9$ MΩ, $R_2 = 900$ kΩ, $R_3 = 90$ kΩ, $R_4 = 9$ kΩ, $R_5 = 1$ kΩ。对应量程为 200 mV、2 V、20 V、200 V、2000 V。图中 R_6、R_7 和二极管 VD_1、VD_2 形成保护回路,防止误接时损坏基本表。

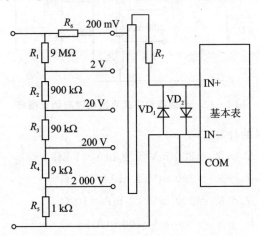

图 2-11 五量程数字式直流电压表电路

2.3.3 多量程数字式直流电流表

1. I/U 转换

数字式直流电流表测量电流是经 I/U 转换,先将待测电流转换成电压,然后进入数字电压基本表的,其原理如图 2-12 所示。

由于数字式电压基本表输入阻抗极高,电流的分流作用极小(可以忽略不计)。这里电阻 R_s 就起着将电流 I_m 转换为输入电压 U_i 的作用。由于数字基本表输入电压(量程)是固定的,故用欧姆定律就可计算出电阻值 R_s。设电流量程 $I_m=2$ A,基本表电压量程 $U_m=200$ mV (0.2 V),则电阻 R_s 为

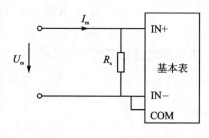

图 2-12 I/U 转换原理

$$R_s = U_m/I_m = 0.2 \text{ V}/2 \text{ A} = 0.1 \text{ }\Omega$$

I/U 转换电阻 R_s 就是数字式直流电流表的输入阻抗。

2. 多量程数字式直流电流表测量原理

采用不同的 I/U 转换电阻分流,可制成多量程数字式直流电流表。图 2-13 为五量程数字式直流电流表测量电路,采取共用分流电阻的环形接法。

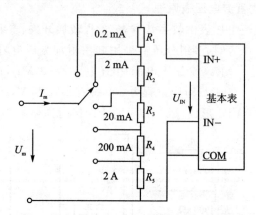

图 2-13 五量程数字式直流电流表测量电路

各量程分流电阻的计算:

200 μA 挡: $R_1 \sim R_5 = 200$ mV/0.2 mA$=1$ kΩ

2 mA 挡: $R_2 \sim R_5 = 200$ mV/2 mA$=100$ Ω

20 mA 挡: $R_3 \sim R_5 = 200$ mV/20 mA$=10$ Ω

200 mA 挡: $R_4 \sim R_5 = 200$ mV/200 mA$=1$ Ω

2 A 挡: $R_5 = 200$ mV/2 000 mA$=0.1$ Ω

从下至上依次相减,可得

$$R_5 = 0.1 \text{ }\Omega$$
$$R_4 = 1 \text{ }\Omega - 0.1 \text{ }\Omega = 0.9 \text{ }\Omega$$
$$R_3 = 10 \text{ }\Omega - 1 \text{ }\Omega = 9 \text{ }\Omega$$
$$R_2 = 100 \text{ }\Omega - 10 \text{ }\Omega = 90 \text{ }\Omega$$

$$R_1 = 1000\ \Omega - 100\ \Omega = 900\ \Omega$$

2.3.4 线性整流和数字交流量的测量

1. 线性整流 AC/DC 转换器

直接用二极管整流存在非线性问题,为提高测量交流信号的灵敏度和准确度,通常采用运算放大器组成的比例器电路,如图 2-14 所示。电路输出电压 U_o 与输入电压 U_i 的关系为

$$U_o = \left(\frac{R_1}{R_2} + 1\right) U_i \tag{2-10}$$

在比例器电路的基础上加整流二极管就形成了线性整流 AC/DC 转换器。由这种转换器构成的交流测量电路在数字式交流仪表的应用中最为广泛。图 2-15 为典型的的线性整流式 AC/DC 转换器电路。电路中运算放大器 A、二极管 VD_1、VD_2 及反馈网络电阻 R_1、R_2 接成同相放大电路。

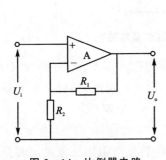

图 2-14 比例器电路

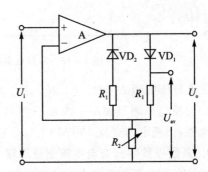

图 2-15 线性整流 AC/DC 转换器电路

如图 2-15 所示,电路将交流小信号放大了 $\left(\frac{R_1}{R_2}+1\right)$ 倍,使二极管 VD_1、VD_2 工作在大信号线性整流状态,从而解决了整流二极管小信号时的非线性问题。整流后的输出电压从二极管 VD_1 引出,因属半波整流,故直流平均电压 U_{av} 为

$$U_{av} = 0.45 U_o \tag{2-11}$$

将式(2-10)代入式(2-11),可得

$$U_{av} = 0.45 \left(\frac{R_1}{R_2} + 1\right) U_i \tag{2-12}$$

电路输出电压 U_{av} 再经滤波后送入数字电压基本表。调节 R_2 可改变放大器的放大倍数,使输出电压平均值等于输入交流电压 U_i 的有效值,这样就构成了一个交流数字电压基本表 AC/DC 转换器。

需要说明的是,采用 AC/DC 线性整流这种整流方法也属于平均值表,故被测交流电量必须是正弦量。

2. 多量程数字式交流电压测量原理

如图 2-16 所示,交流电压测量电路由分压电阻、线性整流 AC/DC 转换器和数字基本表构成。其中 VD_1、VD_2、VD_5、VD_6 接在转换器输入端作过压保护。C_1、C_2 是输入耦合电容,R_{21}、R_{22} 是输入电阻,转换器的输出端接 R_{26}、C_6、R_{31}、C_{10} 构成阻容滤波器用于滤波。

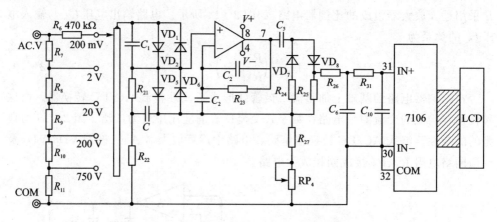

图 2-16 多量程数字式交流电压测量电路

在由分压电阻 R_7、R_8、R_9、R_{10}、R_{11} 构成的五量程(200 mV、2 V、20 V、200 V、750 V)交流电压测量线路中,750 V 挡可测 2 000 V 的交流电压,同样考虑到耐压和绝缘性能,仍规定为交流 750 V 挡(750 V 的峰值等于 1 060 V)。

3. 多量程数字式交流电流测量原理

测量交流电流与直流电流方法类似,先采用 I/U 转换电阻将交流电流转换为交流电压,再将交流电压经线性整流 AC/DC 转换器转换为直流电压进入数字电压基本表。

如图 2-16 所示,将前面的分压电阻改换成图 2-13 中的分流器,即构成多量程(200 μA、2 mA、20 mA、200 mA、10 A)的交流数字电流表。

2.3.5 多量程数字式电阻的测量

1. 比例电阻法测量电阻

数字欧姆表以数字基本表为核心,采用比例电阻法,如图 2-17 所示。

在图 2-17 中,将芯片的基本电压输入端 V_{REF+} 和 V_{REF-} 不接基准电压,用基准电阻 R_0 替代;输入端 IN+ 和 IN- 也不接入信号,而用待测电阻 R_x 替代。将 R_0 和 R_x 串联后接到 7106 芯片的 V_+ 和 COM 之间(有 2.8 V 电压),向 R_0 和 R_x 提供测试电流 I。将测量电流 I 在 R_0 上的压降 IR_0 作为基准电压 V_{REF},在待测电阻 R_x 上的压降 IR_x 作为输入电压 V_1。根据数字电压基本表显示值 N 与输入电压 V_1、基准电压 V_{REF} 的关系式:

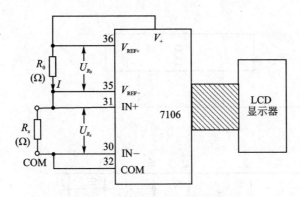

图 2-17 比例电阻法测量电阻

$$N = (V_1/V_{REF}) \times 1000 \qquad (2-13)$$

将 $V_{REF} = IR_0, V_1 = IR_x$ 代入式(2-13)得

$$N = (R_x/R_0) \times 1000 \qquad (2-14)$$

若将基准电阻 R_0 固定为 1000 Ω,则上式为

$$N = R_x \qquad (2-15)$$

这就是说,当量程为 2000 Ω 时,基准电阻应为 1000 Ω,此时欧姆显示值 N 等于待测电阻值,分辨力为 1 Ω;当基准电阻减小为 100 Ω 时,欧姆显示值 N 等于待测电阻值的 10 倍,分辨力增大 10 倍,为 0.1 Ω,其实只要显示器的小数点向前移动一位,就可直接读出待测电阻。

改变基准电阻 R_0,同时改变小数点位置和读数单位,就可以得到一个多量程数字欧姆表,量程是基准电阻的 2 倍。

由式(2-15)可见,采用比例电阻法的优点在于显示值仅与 R_0、R_x 两电阻的比值有关。只要保证基准电阻 R_0 的准确度高,待测电阻 R_x 的测量结果误差必定小。

2. 多量程数字式欧姆表

多量程数字式欧姆表如图 2-18 所示。图中的基准电压由 R_{13}、VD_3 和 VD_4 组成分压器,基准电阻 R_w、$R_7 \sim R_{12}$ 上的压降作为基准电压。二极管 VD_3 和 VD_4 起稳压作用(VD_3 和 VD_4 上的压降共为 1.2~1.4 V,$V_{REF} < 2$ V)。

2.3.6 国内便携式数字万用表及测量指标

国内生产数字式万用表以便携式为主,早期的产品型号是 DT 和 DM 系列。近几年,各厂商对原有的产品在电路原理、器件选择、开关结构、测量功能及造型等方面做了重大改进,近年推出了 VC 系列和 98 系列新款式仪表,占领了较大市场份额。国产数字式万用表能满足一般电工测量之需,在价格上占有绝对优势。常见的便携式数字万用表及测量指标见表 2-1。

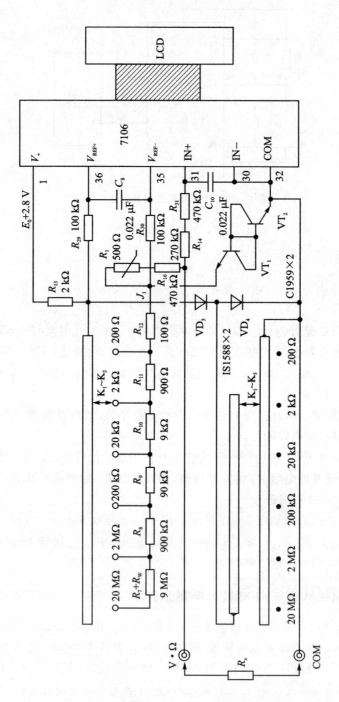

图2-18 多量程数字式欧姆表

表 2 - 1　常见的便携式数字万用表及测量指标

型号	VDC/V	VAC/V	IAC	IDC	Ω	电容	温度/℃	频率/kHz
DT890C+	0.2～1000	0.2～700	2m～20	2 mA～20 A	200 Ω～20 NΩ	2 nF～20 μF	-40～1000	—
VC890C+™	0.2～1000	20～700	20 mA～10 A	20 m～10 A	200 Ω～20 NΩ	2 nF～20 μF	-40～700	—
VC890D™	0.2～1000	20～700	20 mA～10 A	20 mA～10 A	200 Ω～20 NΩ	2 nF～20 μF	—	—
VC202	0.2～1000	20～700	20 mA～10 A	20 mA～10 A	200 Ω～20 NΩ	2 nF～20 μF	—	200
VC203	0.2～1000	200～500	—	20 μA～10 A	200 Ω～200 MΩ	— 20 μF	电池功能测试	—
VC9801A	0.2～1000	0.2～700	200 μA～20 A	200 μA～20 A	200 Ω～200 MΩ	2 nF～200 μF	—	—
VC9802A	0.2～1000	0.2～700	2 mA～20 A	2 mA～20 A	200 Ω～200 MΩ	2 nF～200 μF	-40～1000	200
VC9804A	0.2～1000	2～700	20 mA～20 A	20 mA～20 A	200 Ω～200 MΩ	2 nF～200 μF	-40～1000	200
VC9805A	0.2～1000	2～700	200 mA～20 A	2 mA～20 A	200 Ω～200 MΩ	2 nF～200 μF	-40～1000	—
VC9806A4 1/2	0.2～1000	0.2～700	200 mA～20 A	2 mA～20 A	200 Ω～200 MΩ	2 nF～20 μF	有数据保持	20
VC9807A4 1/2	0.2～1000	0.2～700	2 mA～20 A	2 mA～20 A	200 Ω～200 MΩ	2 nF～20 μF	有数据保持	20

注：便携式数字万用表选择指南，基本准确度为 0.5%，3.5 位和 4.5 位 LCD 1999 显示。

2.4 智能式电工仪表

随着计算机技术的发展,电工仪表的测量领域和范围不断拓宽。近 20 年来,以 Internet 为代表的网络技术的出现以及它与其他高新科技的相互结合,为测量与仪表技术带来了前所未有的发展空间和机遇,网络化测量技术与具备网络功能的新型仪表应运而生。微型化、数字化、智能化、网络化测量异军突起,成为电工测量和控制的一个发展方向。

人们常将数字式电工仪表,如数字电压表、数字电流表、数字频率计等称为第二代电工仪表;将智能式电工仪表称为第三代电工仪表。

1. 智能式电工仪表简介

智能式电工仪表即智能式数字多用表,简称 DMM。它一般是指配备了微处理器 μP 或单片机 μC 的仪表。智能式电工仪表已成为发展电工仪表和测量技术的一个重要发展领域。

传统意义上的仪表,其所有的功能全是由硬件实现的,而带有微处理器的智能仪表的设计是一种硬件和软件相结合的系统设计。由于采用了软件技术,其设计更加灵活且功能易于修改、扩充,使得产品的功能有了极大提高。

由于智能式电工仪表是将仪表的主要功能"写"入微处理器的存储器中,因此只要改变存放在存储器中的软件内容而不必改变硬件的设计,就可以改变仪表的功能。这种功能为开发小批量、多品种的仪表带来了机遇,使传统的电工仪表面临巨大的变革。

2. DMM 的主要功能和特点

(1) 多功能测量

智能式电工仪表除了一般数字表的测量功能外,还可测量频率、功率、谐波、占空比等多种参数。作为频率计测量的脉冲频率可达到 2 MHz 以上,线性频率可达 200 kHz 以上;测量电阻范围为 0.01 Ω~50 MΩ;测量电容范围为 0.01 nF~5 000 μF;测量交流的同时显示电量的交流真有效值、最大值、最小值、相对量和相对值的误差百分比等,测量频率达 20 kHz。

智能式电工仪表具有"菜单"功能,可根据用户的需要来选定相应的功能;测量中具有过载保护和电流挡位错误声音告警等功能。

(2) 多模式输出

智能式电工仪表能以多种形式输出信息,除直接数字显示外,还可通过配备的 RS-232、RS-485、IEEE 488、GP-IP 等接口进行数据传输,甚至通过网络远程传递测量信息;有的配有 PC Windows 视窗软件,可方便地在 PC 上进行数据显示、记录和图表输出。

在数字显示中配有 180°视角的液晶背光显示器,使显示非常清晰。为彻底解决数字仪表不便于观察连续变化量的技术难题,"数字/模拟液晶条图"双显示仪表(见图 2-20)兼有数字仪表准确度高、模拟式仪表便于观察被测量的变化过程及变化趋势两大优点。

(3) 自动校正零点、修正误差

智能式电工仪表具备自动校正零点、满度和切换量程,因此降低了因仪表的零点漂移和特性变化造成的误差,提高了测量准确度和读数的分辨力。测量的数据最后经微处理器处理,可得到被测信号的误差,所以可利用内部的微处理器来修正误差。有的智能仪表具备自动修正各类测量误差的特点,若预先将由生产厂商提供的转换器(传感器等)的误差曲线或误差公式置入仪表,内部微处理器就可修正其误差。一般智能仪表直流可有 $1\ \mu V$ 的分辨力,其准确度可达到 0.03%。

(4) 控键多级设置,可编程

智能式电工仪表具有键控功能,可根据测量的需要进行多级设置。如设置测量值上限、下限、上下限值报警和定时开关;设置测量时间、测量数值的存储和读取;设置摄氏温度值、华氏温度值双重显示等。有的智能仪表还具有一定的可编程功能,可根据用户的要求灵活改变测量、控制的时间、方法和动作等,使仪表保持最满意的工作状态。

(5) 自诊断和故障监控

智能式电工仪表在运行过程中可以自动地对仪器本身各组成部分进行一系列的测试,一旦发现故障即能报警,并显示出故障部位,以便及时处理。有的智能仪器还可以在故障存在的情况下,自行改变系统结构,继续正常工作,即在一定程度上具有容忍错误存在的能力。

(6) 使用标准模块,工艺先进

由于智能式电工仪表目前已具标准模块化、通用化、系列化,给仪表的电路设计和安装调试、维修带来极大方便。由于表面安装技术(SMT)和表面安装元器件(SMD)的普遍应用,所以可将微型化的表面安装集成电路(SMIC)和表面安装元件用粘贴工艺直接安装在印刷板上,再用波峰焊接机焊接,由此取代传统的打孔焊接工艺,使印刷板安装密度大为增加,同时仪表的可靠性也得到明显提高。

(7) 微功耗,可便携

智能式电工仪表采用低功耗 CMOS 芯片,集成度极高。如电工测量中常用的 DMM 采用 $5\sim 9\ V$ 电池,工作电流为 $100\ \mu A$ 左右,且便于携带。

2.4.1　DMM 结构

智能式电工仪表的结构可分为硬件和软件两大部分。硬件主要包括微处理器、A/D 转换电路、显示器和数据通信接口等,软件则固化在 ROM 或 EPROM 内。硬件结构如图 2-19 所示。

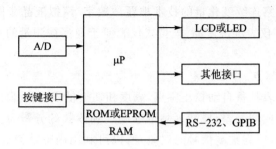

图 2-19 智能仪表硬件结构简图

1. 微处理器

智能式电工仪表通常以单片机为核心。单片机是指在一块芯片中集成了微处理器 CPU、只读存储器 ROM、随机存取存储器 RAM 和各种功能的 I/O 接口电路的微型计算机。

智能式电工仪表的 CPU 经 I/O 接口，通过内部母线向仪表各单元发出指令或读取存储器的信息。所有内部母线通信采用存储器方式，每一个在母线上发送或接收的单元都有固定的地址，CPU 主要执行量程和功能的转换、A/D 转换和计算、校准和校正、按键/显示控制与接口串行通信、诊断自测试及故障检测。

目前广泛应用的是 MCS-51 系列单片机。MCS-51 系列单片机是 20 世纪 80 年代由美国 Intel 公司推出的一款 8 位单片机，由于其成本低、性能高，被广泛应用于智能 DMM 中。它的片内集成了并行 I/O、串行 I/O 和 16 位定时器/计数器。片内的 RAM 和 ROM 空间都比较大，RAM 可达 256 MB，ROM 可达 4~8 KB。由于片内 ROM 空间大，因此 C 语言等都可固化在单片机内。

2. A/D 转换器

一般数字式电工仪表采用各种 A/D 转换器的转换过程主要是利用硬件实现的。双积分型 A/D 转换器由于其转换分辨力、输出斜波电压的线性度有限，其转换器的准确度很难高于 0.01%；而且硬件式 A/D 转换器采样是间断的，不能对被测信号进行连续监测，转换速率较低。智能仪表一般不直接采用集成 A/D 转换器芯片，而是借助其中微处理器的软件优势来形成高准确度的 A/D 转换器。一般采用的转换方式是先将模拟信号转换成数字信号，再通过采样、整形和数字滤波的方法来提高分辨力。目前常用的除了有前面介绍的 $\Sigma-\Delta$ 式 A/D 转换器、Solartron 公司脉冲调宽式 A/D 转换器外，还有 Fluke 公司的余数循环比较式 A/D 转换器等。

3. 数据通信和接口电路

数据通信接口是计算机及智能设备连成网络必不可少的手段，也是智能式电工仪表不可缺少的重要功能部件。面临以 Internet 为特征的后 PC 时代的挑战，智能式电工仪表的数据通信功能显得更加重要。

一般将公共数字传输通道称为总线。按其所在位置可分为"片间总线"(如 CPU 的数据总线、地址总线、控制总线、PC 总线等)、"仪器内部总线"或"底板总线"(如 ISA、PCI、CAMAC、VME 和 VXI)等。按数据传输的特点,又可分为并行总线和串行总线。并行总线传输速度快、效率高,在短距离数据传输中得到了广泛的应用。串行通信方式是指发送方将并行数据通过某种机制转换为串行数据,经由通信介质(有线或无线)逐位发送出去,而接收方通过某种机制将串行数据恢复为并行数据的通信方式。

串行标准总线的典型代表有 RS-232C、RS-485 和 USB 总线等。

无论是并行总线还是串行总线,目前都已经形成了若干国际标准,例如 IEEE 488(并行总线)、RS-232C、RS-485(串行总线)、USB 总线等。使用标准总线可以使整个系统具备较高的兼容性和灵活的配置,简化了系统的设计工作,也使产品更容易适应市场需求的变化。

4. 译码器和显示器

在显示器电路中,使用 LED 数显需要译码驱动电路。智能数字表的译码驱动也有专用模块,如智能数字表显示器中经常使用的 5×7 LED 点阵,就可选用 MAXIM 公司生产的 MAX6952 型点阵驱动模块配套。这样既简化了电路设计,又增加了可靠性。

为彻底解决数字仪表不便于观察连续变化量的技术难题,"数字/模拟条图"双显示仪表兼有数字仪表准确度高、模拟式仪表便于观察被测量的变化过程及变化趋势的两大优点。

模拟条图大致分成以下三类。

(1) 液晶(LCD)条图

如图 2-20 所示为 LCD 模拟条图,呈断续的条状,这种显示器的特点是分辨率高、微功耗、体积小、低压驱动,适于电池供电的小型化电工仪表。

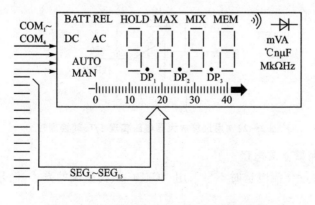

图 2-20 三位半数字/42 段 LCD 模拟条图

(2) 等离子体(PDP)光柱显示器

这种显示器的优点是自身发光,亮度高,显示清晰,观察距离远,分辨率较高;缺点是驱动电压高、耗电量较大。

(3) LED 光柱显示器

这种显示器是由多只发光二极管排列而成的。其特点是亮度高,成本低;但像素尺寸较大,功耗高,驱动电路复杂。

2.4.2 DMM 测量

DMM 是以直流 DVM 为基本表,类似一般的数字三用表,通过 AC/DC、I/U、R/U 等转换电路转换成直流电压和进行量程扩展,最后由 DVM 测量电压来实现其他各种电参数的测量。其原理框图如图 2-21 所示。

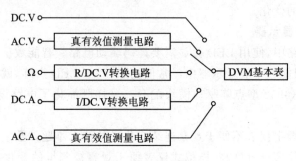

图 2-21 DMM 原理框图

1. DMM 测量直流电流

智能型 DMM 在测量直流电流时,I/U 转换的方法之一是用运算放大器电路,再进入 DVM,如图 2-22 所示。根据运算放大器的特点,由图 2-22 可见,$U_o = -R_N I_i$。当测量大电流时,可在输入端接入分流电阻,先分流。

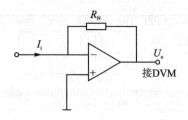

图 2-22 用运算放大器电路实现 I/U 转换原理

2. DMM 测量交流电量

DMM 在测量交流电量时不再采用 AC/DC 线性整流的方式,而是运用真有效值的测量原理。

DMM 根据有效值的定义,当测量交流电量时,通过输入端,运用均方根运算直接计算出表示电压真有效值的直流电压,再进入 DVM;当测量交流电流时,先作交

流的 I/U 转换,再进行真有效值电压测量。

3. DMM 测量电阻

智能型 DMM 在测量电阻时,大多数采用"比例电阻法"(见 2.3.5 小节)。

4. Fluke 公司部分数字多用表的技术指标

Fluke 公司 F 系列数字多用表的技术指标见表 2-2。

表 2-2 Fluke 公司 F 系列数字多用表的技术指标

型　号	技术指标
F15B	4000 字显示： VAC:0.1 mV～1000 V,准确度为 1.0%; VDC:0.1 mV～1000 V,准确度为 0.5%; IAC:0.1 mA～10 A,准确度为 1.5%; IDC:0.1 mA～10 A,准确度为 1.0%; 电阻:0.1 Ω～40 MΩ,准确度为 0.4%; 电容:0.01 nF～100 μF,准确度为 2.0%; 交流带宽:500 Hz,读数保持,通断及二极管测试
F111	6000 字显示,真有效值测量交流电压电流,交流电响应:50～500 Hz,最大、最小、平均值测量,采用 IEC1010CATⅢ 600 V 安全标准,更换电池无须校准。 VDC:0.1 mV～600 V,准确度为 0.7%; IDC:0.001 mA～10.00 A,准确度为 1%; VAC:0.01～600 V,准确度为 1%; IAC:0.01 mA～10.00 A,准确度为 1.5%; 电阻:0.1～40.00 MΩ,相对分辨力为 0.9%; 电容:1 nF～9999 μF,相对分辨力为 1.9%; 频率:输入电压,5 Hz～50 kHz,输入电流,50 Hz～3 kHz,准确度为 0.1%
F177	6000 字显示,带背景光。真有效值测量交流电压电流,交流响应:45 Hz～1 kHz,最大、最小、平均值测量,采用 IEC1010CATⅣ 600 V 安全标准,更换电池无须校准。 VDC:0.1 mV～1000 V,准确度为 0.09%; IDC:0.01 mA～10.00 A,准确度为 0.1%; VAC:0.1 mV～1000 V,准确度为:1%(45～500 Hz),2%(500～1 kHz); IAC:0.01 mA～10.00 A,准确度为 1.5%; 电阻:0.1～50.00 MΩ,相对分辨力为 0.9%; 电容:1 nF～9999 μF,相对分辨力为 1.2%; 频率:输入电压,2 Hz～100 kHz,输入电流,2 Hz～30 kHz,准确度为 0.1%

续表 2-2

型号	技术指标
F187	非常快的响应速度,50 000 字的高分辨率显示,0.025% 基本直流精度,真有效值(交流+直流)测量,100 kHz 交流带宽的电压和电流测量。 VDC:准确度为±(0.025%+5 个字),最大分辨力为 1 μV,最大量程为 1 000 V; VAC:准确度为±(0.4%+40 个字),最大分辨力为 1 μV,最大量程为 1000 V; IDC:准确度为±(0.15%+2 个字),最大分辨力为 0.01 μA,最大量程为 10 A; IAC:准确度为±(0.75%+5 个字),最大分辨力为 0.01 μA,最大量程为 10 A; 阻抗:准确度为±(0.05%+2 个字),最大分辨力为 0.01 Ω,最大量程为 500 MΩ; 电容:准确度为±(1.0%+5 个字),最大分辨力为 1 pF,最大量程为 50 000 μF; 频率:准确度为±(0.005%+1 个字),最大分辨力为 0.01 Hz,最大量程为 1 MHz; 温度:准确度为±(1.0%+1℃),最大分辨力为 0.1℃,量程为-200~1350 ℃; 电导系数:准确度为±(1%+10 个字),最大分辨力为 0.01 nS,最大量程为 500 nS; dBm 和 dBV:准确度为±0.1 dB,最大分辨力为 0.01 dB,量程为-52~60 dB。 注:"准确度"指标为每一功能的最佳准确度
F287	非常快的响应速度,50 000 字的高分辨力显示,1/4 VGA 显示屏,具有白色背光。真有效值(交流+直流)测量,100 kHz 交流带宽的电压和电流测量,同时可以显示多组测量信息。 VDC:准确度为 0.025%,量程(50.000 mV,500.00 mV,5.000 0 V,50.000 V,500.00 V,1 000.0 V); VAC:准确度为 0.4%(真有效值),量程(50.000 mV,500.00 mV,5.000 0 V,50.000 V,500.00 V,1 000.0V); IDC:准确度为 0.15%,量程(500.00 μA,5 000.0 μA,50.000 mA,400.00 mA,5.000 0 A,10.000 A); IAC:准确度为 0.75%(真有效值),量程(500.00 μA,5 000.0 μA,50.000 mA,400.00 mA,5.000 0 A,10.000 A); 阻抗:准确度为 0.05%,量程(500.00 Ω,5.000 0 kΩ,50.000 kΩ,500.00 kΩ,5.000 0 MΩ,50.00 MΩ,500.0 MΩ); 电容:准确度为 1.0%,量程(1.000 nF,10.00 nF 100.0 nF,1.000 μF,10.00 μF,100.0 μF,1 000 μF,10.00 mF,100.00 mF); 频率:准确度为 0.005%,量程为 999.99 kHz; 温度:准确度为 1.0%,量程为-200.0~1 090.0 ℃(-328.0~1 994.0 ℉)

2.5 数字式电工仪表常见测量符号

数字式电工仪表中常见的测量符号及含义见表 2-3。

表 2-3　数字式电工仪表中常见的测量符号及含义

测量电量及符号	含义	按键及插孔符号	含义	其他符号	含义
DCV	测量直流电压	ON/OFF	开机/关机按键	FUSE	熔丝
DCA	测量直流电流	HOLD	数据保持按键	UNFUSED	未设熔丝保护
ACA	测量交流电流	DATA	数据存储按键	RANGE	量程转换
ACV	测量交流电压	PK DATA	峰值数据存储按键	AUTO RANGE	自动量程转换
OHM	测量电阻	COM	模拟地公共插孔	MANUAL RANGE	手动量程转换
LOGIC	逻辑测试	HFE	三极管 β 测量插孔	BATT	表内电池电压
Pulse Duration	脉冲宽度测试	C_X	电容测量插孔	BAD	电池容量不足
Duty Factor	占空比测试	C_L	电感测量插孔	ADJ	调节、校准
		20A MAX	用此插孔测量电流最大为 20 A	MAX/MIN Mode	最大/最小值存储
				AUTO POWER OFF	自动关机
		MAX 10SEC	用此插孔测量不可超过 10 s	RMS	真有效值
				T/H	跟踪/保持
				PK HOLD	峰值保持

第 3 章 电工实验技术

3.1 仪表误差与准确度

3.1.1 误差的表示方式

1. 绝对误差

测量值(仪表的指示值)与其真值(理论值)之间的差值称为仪表的绝对误差,即

$$\Delta X = X - X_0 \qquad (3-1)$$

式中,ΔX 表示绝对误差值;X 表示测量值;X_0 表示真值。

绝对误差值有正负之分,正值表示测量值大于实际值,负值则相反。在指针式仪表标尺刻度的分度线上各处的绝对误差不一定相同,在全标尺某一分度线上可能出现最大绝对误差值 ΔX_m,通常用它来决定仪表的准确度级别。在正常使用的条件下,仪表标尺各点的绝对误差不会超过这个值,即

$$|\Delta X| = |X - X_0| \leqslant \Delta X_m \qquad (3-2)$$

在测量同一被测量时,可用 $|\Delta X|$ 来表示不同仪表的准确性,$|\Delta X|$ 愈小,表明仪表愈准确。

在测量中又常将真值与测量值之差称为更正值(也称为修正值),用 C 表示。

$$C = -\Delta X \qquad (3-3)$$

可见更正值的大小和绝对误差值的大小相等,但符号相反。测量值与更正值的代数和就是被测量的真值,即

$$X_0 = X - \Delta X = X + C \qquad (3-4)$$

更正值 C 是通过检定(校正),根据上一级标准以表格、曲线的形式给出,公式则以数字形式给出,其量纲和绝对值误差与仪表的示值量纲是一致的。

2. 相对误差

相对误差是绝对误差值 ΔX 与被测量的真值 X_0 的比值,通常用百分数 γ 来表示,即

$$\gamma = \frac{\Delta X}{X_0} \times 100\% \qquad (3-5)$$

当 ΔX 已知,但 X_0 较难测得时,可用 X 代替 X_0,则相对误差可近似写为

$$\gamma = \frac{\Delta X}{X} \times 100\% \qquad (3-6)$$

由于绝对误差 ΔX 有正负之分,故相对误差 γ 同样有符号,但无单位。

对于两个大小不同的被测量,用相对误差能更客观地反映测量的准确程度。但相对误差不能全面反映仪表本身的准确度,因为每块仪表在刻度的分度线各处的相对误差也是不相同的。

3. 最大相对误差

最大相对误差也称为引用误差,定义为绝对误差 ΔX 与仪表量限(标尺满偏值或最大读数)X_n 之比值,一般用百分数 γ_m 来表示,即

$$\gamma_m = \frac{\Delta X}{X_n} \times 100\% \tag{3-7}$$

由此可见,当 γ_m 已知时,便可以根据仪表量限 X_n,将量限的绝对误差 ΔX 求解出来。

3.1.2 仪表准确度

1. 指针式仪表准确度

指针式仪表准确度 K 定义为仪表的最大绝对误差 ΔX_m 与其量限 X_n 之比的百分数,即

$$K = \frac{\Delta X_m}{X_n} \times 100\% \tag{3-8}$$

可见,指针式仪表准确度实际上是仪表的最大引用误差。最大引用误差愈小,准确度就愈高。同样,由于最大绝对误差 ΔX_m 有符号,所以代表仪表准确度的仪表基本误差也有正负之分。

根据国家标准,将指针式仪表的准确度分为七个等级,它们表示的基本误差见表 3-1。

表 3-1 指针式仪表的准确度等级

准确度等级	0.1	0.2	0.5	1.0	1.5	2.5	5.0
基本误差/%	±0.1	±0.2	±0.5	±1.0	±1.5	±2.5	±5.0

2. 数字式仪表误差表示方法

目前电工仪表中数字式仪表的误差表示方法有两种。

表示方法一

$$\Delta X = \pm(a\% \text{rdg} + b\% \text{f.s}) \tag{3-9}$$

式中,$a\%$rdg 表示由转换器、分压器等带来的综合误差;rdg 表示读数值;$b\%$f.s 表示由数字的量化带来的误差;f.s 表示满度值。

例如 SK-6221 型数字万用表,在直流为 2 V 量限时的准确度为 ±(0.8%rdg+0.2%f.s),当读数值为 1.000 V 时,可知测量误差为 ±(0.8%×1.000 V+0.2%×2 V)=±0.012 V。

表示方法二
$$\Delta X = \pm(a\%\text{rdg} + n \text{ 个字}) \qquad (3-10)$$
式中，第一项 $a\%\text{rdg}$ 表示的内容同方法一，第二项 n 是由数字的量化引起的误差反映在末位数字(即是其分辨力)上的变化量。若将 n 个字的误差折合成满量程的百分数，即与式(3-9)相同。

3.2 误差分析

3.2.1 测量误差的分类

电工测量中，测量误差涉及测量的正确性，认识到客观存在的误差，可以给测量后的误差分析、研究减少测量误差的方法带来便利。测量误差的分类方法较多，一般有从误差的来源分类和从误差的性质分类两种方法。以下介绍从误差的来源分类的方法。

1. 系统误差

系统误差又称为规则误差。这种误差在测量过程中保持恒定或按一定规律变化；它包括工具误差、使用误差、环境误差及方法误差等，其中最主要的是工具误差和方法误差。电工测量中的工具误差主要是由于测量工具本身的不完善造成的，仪表准确度是工具误差的主要考虑对象，而且它是可知的；方法误差是测量方法设计不周全造成的，因而是可以减少的。

2. 随机误差

随机误差又称为偶然误差。这种误差是由一些偶发性因素引起的误差，其误差的数值和符号均不确定，但这种误差符合统计规律(正态分布规律)。所谓偶发性因素是指外界各种因素(如温度、压力、电磁场、电源、电压、频率等)突然变化或波动，如接触电阻、热电动势的变化，测量者的生理因素变化等。大量的试验证明，随机误差作为个体是无规律的，但作为整体则是有规律的。当测量次数足够多时，它具有以下特点：

① 误差有正有负，有时也有零值；
② 出现小误差次数比大误差次数多，尤其是出现特大误差的可能性极小；
③ 正误差和负误差绝对值相同的可能性相等；
④ 当以相等的准确度测量同一量时，测量次数越多，误差值的代数和越接近于零。

3. 疏失误差

疏失误差也称为粗大误差。这种误差是由于测量者对仪表性能不了解、使用不当或测量时粗心大意造成的，如操作时仪表没调零、数据读错或记错数据等。

上述三种误差与测量结果有着密切关系。系统误差着重说明了测量结果的准确度;偶然误差是在良好的测量条件下,多次重复测量时,存在的各次测量数据间的微小差别,这种误差通常影响数据(如多位数)中的最后一两位,要有良好的读数装置才能够分辨,故这种误差说明了测量结果的准确度;疏失误差是由于测量人员的过失造成的,是可以克服的。

3.2.2 直接测量中工具误差的分析

使用仪表一次性完成对某一量值的测量称为直接测量。在由仪表引起的系统误差中,仪表基本误差是由仪表准确度给定的,但实际测量的误差也与测量者存在一定的关系。

1. 指针表直接测量的误差分析

在直接测量中,仪表产生的最大绝对误差就是可能的最大测量误差,也就是仪表的最大基本误差。由准确度定义可知,最大绝对误差为

$$\pm \Delta X_m = K\% X_n$$

而相对误差则为

$$\pm \gamma = \Delta X_m / X = K\% X_n / X \tag{3-11}$$

由此可见,用同一块仪表,在同一量限内测量不同量值时,其最大绝对误差是相同的,而最大相对误差则随被测电量的量值减小而增大。

例如用一块准确度为 0.5 级、量限为 0~10 A 的电流表分别测量 10 A 和 2 A 的电流。

测量 10 A 时,相对误差为

$$\pm \gamma_1 = \frac{K}{100} \cdot \frac{X_n}{X} = \frac{0.5}{100} \cdot \frac{10}{10} = 0.5\%$$

测量 2 A 时,相对误差为

$$\pm \gamma_2 = \frac{K}{100} \cdot \frac{X_n}{X} = \frac{0.5}{100} \cdot \frac{10}{2} = 2.5\%$$

由上例可见,当仪表的准确度给定时,所选仪表的量限越接近被测量的量值,测量误差就越小。也就是测量时指针偏转角越大,误差越小。

一般来说,要使被测量值指示在接近或大于仪表量限的三分之二的位置。此时,相对误差为

$$\gamma = K \cdot \frac{X_n}{\frac{2}{3}X_n} = 1.5K \tag{3-12}$$

即测量的最大误差不会超过仪表准确度数值的 1.5 倍。

2. 数字表直接测量的误差分析

根据式(3-9)或式(3-10)可知,数字表直接测量的误差分为与读数相关的误差和与其分辨力相关的误差两部分。

例如 DT-830 型数字万用表，在直流电压量程为 2 V 和 20 V 时的准确度为
$$\pm(0.5\%\text{rdg}+2\text{个字})$$

当用 2 V 量程测量电压时，该数值为 1.000 V 时，可知测量误差为
$$\pm(0.5\%\times 1.000\text{ V}+0.001\text{ V}\times 2)=\pm 0.007\text{ V}$$

当用 20 V 量限测量测电压时，读数值为 1.00 时，可知测量误差为
$$\pm(0.5\%\times 1.000\text{ V}+0.01\text{ V}\times 2)=\pm 0.025\text{ V}$$

由此可见，数字表直接测量也要选择能显示最多有效数字的量程，方可使测量误差尽可能减少。

3.2.3 间接测量中由仪表引起的误差分析

使用仪表对几个函数关系的被测量同时进行直接测量，然后根据该函数关系计算出被测结果的方法称为间接测量法。间接测量最终的相对误差是把几个直接测量所得量的误差通过函数关系的运算传递到最终结果，推导得出间接测量时系统误差的线性传递公式。

间接测量最终的相对误差限可表示为

$$\gamma_Y=\frac{\Delta Y}{Y}=\frac{1}{f}\sum_{i=1}^{n}\left|\frac{\partial f}{\partial X_i}\Delta X_i\right|=\sum_{i=1}^{n}\left|\frac{\partial \ln f}{\partial X_i}\Delta X_i\right| \quad (3-13)$$

式中，$\ln f$ 是函数 $Y=f(X_1,X_2,X_3,\cdots,X_i,\cdots,X_n)$ 的自然对数；ΔX_i 是直接测量中各项自变量 X_i 的绝对误差限。

1. 间接测量中加减法运算的绝对误差限

设 $Y=X_1\pm X_2$，且分别设 X_1、X_2 的绝对误差限为 ΔX_1 和 ΔX_2，则加减法运算的绝对误差为

$$\Delta Y=\frac{\partial f}{\partial X_1}\Delta X_1+\frac{\partial f}{\partial X_2}\Delta X_2=\Delta X_1+\Delta X_2 \quad (3-14)$$

由上式可知，间接测量中加减法运算的总绝对误差限等于参加运算的各项绝对误差限之和。

2. 间接测量中乘除法运算的误差

间接测量中，设 $Y=X_1X_2$ 和 $Y=X_1/X_2$ 的相对误差限分别为 γ_{X_1} 和 γ_{X_2}，则乘除法运算的总相对误差限 γ_Y 为

$$\gamma_Y=\frac{\Delta Y}{Y}=\frac{1}{X_1X_2}(X_2\cdot\Delta X_1+X_1\cdot\Delta X_2)=\gamma_{X_1}+\gamma_{X_2} \quad (3-15)$$

由上可知，乘除运算的总相对误差限等于参加运算的各项相对误差限之和。

[例 3-1] 使用"伏/安"法间接测量电阻。电流表为 1.0 级，量程为 1 A，测得 $I=0.83$ A；电压表为 1.0 级，量程为 10 V，测得 $U=8.64$ V。

测量电流的相对误差为

$$\gamma_I=\frac{1}{0.83}\times 1\%=1.205\%$$

测量电压的相对误差为

$$\gamma_U = \frac{10}{8.64} \times 1\% = 1.16\%$$

总相对误差限为

$$\gamma_Y = \gamma_I + \gamma_U = 1.205\% + 1.16\% = 2.36\%$$

计算电阻为

$$R = U/I = 8.64 \text{ V}/0.83 \text{ A} = 10.41 \text{ }\Omega$$

则测量电阻的最大绝对误差为

$$\pm \Delta R_m = R \times \gamma_Y = 0.24 \text{ }\Omega$$

3.3 减小测量误差的方法

3.3.1 系统误差和处理

系统误差将直接影响测量结构的准确性。一般来说,系统误差不可能消除,但可以尽量减少,通常从以下三个方面考虑。

1. 从仪表方面考虑

(1) 引入更正值

测量准确度要求较高时,可以事先在仪表标尺的主要分度线上引入更正值或参考仪表校验的更正曲线;实际使用时只要把仪表在该分度线上的读数和其相应的更正值取代数和就可有效地减小误差。

(2) 工作环境

从仪表使用条件方面考虑,仪表给定的准确度是指在一定的条件下达到的测量标准。如测量工作环境的温度、湿度、电磁干扰等附加因素超过了仪表说明书的标准,就要考虑附加误差。附加误差的大小可从仪表的说明书或表盘符号上得到。

(3) 合理选择量程

合理选择量程即选择量程与测量相近的仪表。在仪表准确度已确定的情况下,量程过大就意味着仪表偏转角很小,从而增大了相对误差。因此,应合理地选择量程,并尽可能使仪表读数接近满偏转位置。

(4) 仪表内阻

仪表内阻对测量误差的影响属于方法误差。当使用电压表测电压时,并接于测量电路的仪表内阻应远大于负载电阻(阻抗);当使用电流表测量电流时,串接于测量线路中的电流表内阻 R_A 应远小于负载电阻(阻抗),否则仪表的接入将改变被测电路状态。

2. 从测量方法上考虑

(1) 选择比较完善的测量方法

根据测量对象选择比较完善的测量方法,例如在直接测量电流、电压时,要考虑仪表阻抗对测量对象的影响;间接测量时应力求避免用减法取得最终测量结果,当一定要用减法时,应力求避免两个接近的量进行相减运算。

对于准确度、灵敏度都很高,但内阻偏低的电压表,可以考虑用"补偿法"测量,如图3-1所示。令补偿电源电压略高于测量端电压U,测量时调节电位器 RP,使指零仪表 G 中的电流I_K为零。此时由于指零仪表 G 中$I_K=0$,故 a、b 两点等电位。可见,内阻偏低的电压表所消耗的电流是由补偿电源提供的,而 a、b 两点等电位表明电压表指示值正是待测的电压U。

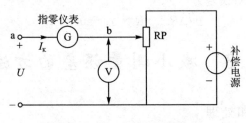

图3-1 "补偿法"测量

(2) 用误差相消法

系统误差对测量装置有影响时,可在不同的实验条件下进行两次测量,取其平均值以减小误差,同时也可消除某些直流仪器接点的热电动势的影响。在测量交流参数时,为消除外磁场对仪表的影响,可将测量对象(如测量电感)在测量中进行正反两次位置变换,然后将测量结果取平均值。

3. 从使用者角度考虑

(1) 熟悉仪表性能

使用者要熟悉仪表性能,针对测量对象正确选择仪表。

(2) 正确使用仪表

在使用仪表测量中,导线应合理布局,注意改善测量环境,以及防止外界因素的干扰;为减小由于测量者个人习惯和生理因素所造成的人身误差,可由不同的测量者对同一被测量进行测量。

3.3.2 随机误差和处理

随机误差只有在进行精密测量时才能被发现。在一般的测量中,由于电工仪表读数装置的准确度不够,其偶然误差往往被系统误差所覆没而不易被发现。因此,在精密测量中,首先应检查和减小系统误差,然后再消除和减小随机误差。由于随机误差符合概率统计,所以可以对它做如下处理。

1. 采用算术平均值计算

虽然随机误差绝对值的大小及符号变化均无确定规律,也不可预计,但随机误差具有抵偿性,采用多次测量求算术平均值的方法可以有效地相互抵消测量误差。

若对一个电量做n次等准确度测量,测量出n个离散数据$X_1,X_2,X_3,\cdots,X_i$,

…, X_n，则算术平均值 $\overline{X}$ 就近似等于欲求结果，即

$$\overline{X} = \frac{1}{n}\sum_{i=1}^{n} X_i \qquad (3-16)$$

上述算术平均值随测量次数增多而接近真值。但在实际工作中，要长时间维持同一测量条件是有困难的，故常取 n 在 50 次以内（特殊情况例外），许多情况取 10～20 次已足够。

2. 采用方根差或标准偏差来统计

用方根差来衡量测量误差是常用的一种数理统计方法，可用贝塞尔公式表示：

$$\sigma = \pm\sqrt{\frac{1}{n-1}\sum_{i=1}^{n}(X_i - \overline{X})^2} \qquad (3-17)$$

式中，σ 表示方根差，又称为方根误差或离散度。σ 大则表明各次测量值对于平均值的分散性大，测量精确度低；σ 小则表明各次测量值对于平均值的分散性小，测量准确度高。式中 n 为测量次数，通常 n 取 20 已足够了。随机误差超过 3σ 的机会仅为 1% 以下，而小于 3σ 的机会为 99% 以上。可见，只要计算出某列测量数据的方根差 σ，就可知其中任一值测量中的误差范围。

为了估计测量结果的精确度，在误差理论中常采用标准差，用 σ_S 表示，即

$$\sigma_S = \pm\frac{\sigma}{\sqrt{n}} \qquad (3-18)$$

式(3-18)表明，测量次数 n 越多，测量精确度就越高。但 σ_S 与 n 的方根差成反比，因此精确度的提高随 n 的增加而减慢。对于标准差 σ_S，n 取 20 也已足够，最大随机值不易超过 $3\sigma_S$。考虑随机误差后，可以将测量结果写为

$$X = \overline{X} \pm 3\sigma_S \qquad (3-19)$$

3.3.3 疏失误差和处理

1. 疏失误差

疏失误差主要是由于测量者对仪表性能不熟悉或粗心大意造成的，使实验的部分或全部结果显著偏离实际值所对应的误差。因此疏失误差严格来说是错误而不是误差。

对仪表性能不熟悉，例如，用三用表测量电阻时未调零，有的仪表在使用前未自校等，造成测量数据的错误。

因粗心大意，例如，未等指针稳定就记录读数，读数时未能使指针与标尺上反射镜的影像重叠而产生视差，读错或记错数据等，造成测量数据的错误。

2. 应对措施

疏失误差是可以避免的，在测量中应尽量做到以下几点：

① 测量前先熟悉仪表的性能，了解操作方法。对未使用过的仪表先详细阅读说明书。

② 在正式测量前可以做理论计算或进行试探性的粗测,掌握测量值的大致范围,以便测量时参考。

③ 测量时加强责任心,力求认真、仔细,尽量多测一些数据以便整理。

④ 测量完成后,在有足够多的测量数据的情况下,发现其中某个数据明显不符或偏离测量曲线,可以考虑剔除该数据。

3.4 测量数据处理

3.4.1 测量中仪表数据的读取

测量中会遇到大量数据的读取、记录和运算。如果有效数字位数取得过多,不但增加了数据处理的工作量,而且会被误认为测量准确度很高,从而造成错误的结论。反之,有效数字位数过少,将丢失测量应有的准确度,影响测量的准确度。

1. 指针式仪表数据的读取

指针式仪表在测量中,指针不一定正好指在仪表的刻度线上,因此读取数据时要根据仪表刻度的最小分度,凭借目测和经验来估计这一位数字。这个估计的数字虽然欠准确,但仍属于有意义的。如果超过这一位欠准数字,再做任何估计都是无意义的。

如仪表有 100 分度、满量程为 10 V 的电压表,现读出 4.22 V,则前面两位(即 4.2)是可靠的,最后一位的 2 是靠刻度分配估计出来的,因此这个末位 2 有一定的不可靠性,称为欠准数字,但还是有意义的,有可能要保留,因此仍作为一位有效数字。如果读数再多一位,读成 4.224 V,则毫无意义了。

另一方面,在读取数据时要考虑测量仪表本身的准确度。有时尽管能读取较多的位数,但还要根据准确度估算决定取的位数,以保证与最大绝对误差的位数相一致。

如仍为上述 100 分度仪表,测量 4 V 左右电压。当电压表量程为 10 V、准确度为 5 级时,由于最大绝对误差为 ± 0.5 V,故读到 4.2 V 就够了;若准确度为 0.5 级,最大绝对误差为 ± 0.05 V,则读到 4.2 V 就不够了,应读到 4.22 V。

若使用 100 分度仪表,测量 40 V 左右电压。当电压表量程为 100 V、准确度为 5 级时,由于最大绝对误差为 ± 5 V,故读到 42 V 就够了。

可见,指针式仪表在测量中究竟要保留几位有效数字或读到小数点后几位,是要根据仪表的分度、准确度和量程来决定的。

2. 数字式仪表数据的读取

数字式仪表由于准确度和分辨力较高,读数方便,一般取全部读数。

3.4.2 有效数字的表示方法和运算

1. 对有效数字的一些规定

数字"0"可以是有效数字,也可以不是有效数字。

① 第一个非零数字之后的"0"是有效数字。例如,30.10 V 是四位有效数字;2.0 mV 是两位有效数字。

② 第一个非零数字之前的"0"不是有效数字。例如,0.123 A 是三位有效数字;0.012 3 A 也是三位有效数字。

③ 如果某数值最后几位都是"0",应根据有效位数写成不同的形式。例如,14 000 若取两位有效数字,应写成 1.4×10^4 或 14×10^3;若取三位有效数字,则应写成 1.40×10^4、140×10^2 或 14.0×10^3。

也就是说,科学表示法可写为"有效位数$\times 10^n$",其中 n 为 $0,\pm1,\pm2,\pm3,\cdots$。

④ 换算单位时,有效数字不能改变。例如,90.2 mV 与 90.2 V 所用单位不同,但都是三位有效数字。12.12 mA 可换算成 1.212×10^{-4} A,但不能写成 1.2120×10^{-4} A。

2. 数字科学的舍入规则

经典的四舍五入法是有缺陷的,如只取 n 位有效数字,那么从 $n+1$ 位起右面的数字都应处理掉,第 $n+1$ 位数字可能是 0~9 这十个数字,它们出现的概率相同,按四舍五入规则,舍掉第 $n+1$ 位的零不会引起舍入误差;第 $n+1$ 位为 1 和 9 的舍入误差分别是 -1 和 $+1$,如果足够多次的舍入,舍入误差有可能抵消;同样,第 $n+1$ 位为 2 与 8、3 与 7、4 与 6 时的舍入误差,在舍入次数足够多时也有可能抵消;当第 $n+1$ 位为 5 时,若仍按上边的方法,只入不舍就不恰当了。因此在测量中目前广泛采用如下科学的舍入规则:

(1) "四舍六入"

若舍去数字中,最左面的第一个数字小于 5,则舍去;最左面的第一个数字大于 5,则进 1。

(2) "五看"

若舍去数字中,最左面的第一个数字等于 5,则将舍去后的末位凑成偶数,即当舍去后的末位为偶数(0,2,4,6,8)时,"5 舍"末位不变;当舍去后的末位为奇数(1,3,5,7,9)时,"5 入",末位加 1。例如:在取四位有效数字时,1.104 50 的结果为 1.104;6.711 51 的结果为 6.712。

3. 计算中各有效数字的运算规则

(1) 加减法运算规则

① 先对加减法中各项进行修约,使各数修约到比小数点后位数最少的那个数多一位小数。

② 进行加减法运算。

③ 对运算结果进行修约,使小数点后位数与原各项中小数点最少的那个数的位

数相同。

例如：13.65+0.008 23+1.633=13.65+0.008+1.633=15.291=15.29。以其中小数点后位数最少的为准,其余各数均保留比它多一位。所得的最后结果与小数点后位数最少的那个数的位数相同。

(2) 乘除法运算规则

① 先对乘除法中各项进行修约,使各数修约到比有效数字位数最少的那个数多一位有效数字。

② 进行乘除法运算。

③ 对运算结果进行修约,使其有效数字位数与有效数字位数最少的那个数的位数相同。

例如：$0.012\,1\times25.64\times1.057\,82=0.012\,1\times25.64\times1.058=0.328\,2=0.328$。以各数中有效数字位数最少的为准,其余各数或乘积(或商)均比它多一位,而与小数点位置无关。

(3) 对数运算规则

所取对数位数应与真数位数相等。

(4) 平均值运算规则

若有四个数值以上取其平均值,则平均值的有效位数可增加一位。

3.4.3 实验数据处理

测量数据处理通常包括数据整理、误差分析、绘制曲线等。通过对这些数据、曲线和实验现象进行深入的分析,结合相关理论论证实验的成败,以便取得经验和教训,提高分析问题和解决问题的能力。

1. 实验数据处理

(1) 列　表

用表格来表示函数的方法,在工程技术上经常被使用。将一系列测量的实验数据列成表格,然后再进行处理,有助于精确分析实验结果。

表格一般有两种。一种是实验数据记录表,另一种是实验结果表。实验数据记录表记录的是实验的原始数据,它包括：实验目的、内容摘要、实验步骤、环境条件、测量仪表与仪器、原始数据、测量数据、结果分析、参加人员与实验负责人员。实验结果表是只反映实验结果最后结论的表,一般只有有限几个变量之间的对应关系,实验结果表应力求简明扼要。

(2) 检查数据

根据仪表的准确度计算每次测量的绝对误差 ΔX_m,将测量同一个数据时的算术平均值设为测量值 X,计算理论值设为 X_0。对每一个测量的数据进行对比,查验是否满足：

$$\Delta X_m = X - X_0 \tag{3-20}$$

对误差偏大者应分析原因,若一组数据中有个别数据明显不满足式(3-20),则可以考虑剔除。

在对测量的数据进行计算时,也经常会遇到诸如 π、e、$\sqrt{2}$ 的无理数,在计算时也只能取近似值,因此得到的数据通常只是一个近似数。如果用这个数表示一个量,为了表示得确切,规定误差不得超过末位单位数字的一半。例如,末位数字是个位,则包含的误差绝对值应不大于 0.5;若末位数字是十位,则包含的误差绝对值应不大于 5。

2. 实验数据绘制曲线

绘制曲线图不仅在工程技术上被广泛应用,而且在社会科学、日常生活,诸如商业贸易报表、运输报表等中也经常被采用。但是绘制曲线图只能局限于函数变化关系而无法实现更精确的数学分析。

根据不同需要,绘制曲线图有直角坐标、单对数、双对数等方法,但使用最多的是直角坐标法。直角坐标法将横坐标作为自变量,纵坐标作为对应的函数。将各实验数据描绘成曲线时,应尽可能使曲线通过数据点,一般不能逐点连接,不能成为折线,应以数据点的变化趋势将尽可能多的数据点连接成曲线。曲线以外的数据点应尽量接近曲线,两侧的数据点数目大致相等,最后连成的曲线应是一条平滑的曲线。

绘制曲线图时一般应做到以下两点:

(1) 选坐标

横坐标代表自变量,纵坐标代表因变量。在坐标轴末端标明所代表的物理量及其单位,坐标值应采用"量/单位"的形式表示,而不采用"量(单位)"或"量、单位"等其他形式。

(2) 正确分度

分度是否恰当,关系到能否反映出函数关系。图上坐标读数的有效数字位数应大体上与实验数据的有效数字位数相同。分度应以不用计算就能直接读出图线上每一点的坐标为宜,所以通常取 1,2,5,10 等,而不取 3,7,9 等。分度应使图线占图纸的大部分,分度过细会使图形太大,而分度过粗会使图形太小,因此,相同的实验数据因分度不同可以得出完全不同的图线。

3.5 实验设计的基本方法和故障排除

3.5.1 实验设计的基本方法

实验设计是指在给定某个实验课题的任务和要求下,确定实验方案,组合实验仪器设备进行实验并解决实验中遇到的各种问题,对方法进行修正,最后得到满足要求的结果。一般可分为以下三个步骤。

1. 确定实验方案

根据实验课题的目的、要求、任务,选择可行的实验方案,既要考虑可靠的理论依据,又要考虑到有无实现的可能,要综合考虑准备阶段的各种情况。实验方案能否确定,是实验设计成败的关键。有时会出现这样的情况,往往看起来是极简单的实验课题,而在实验时却很复杂,也有偏废正确的测量方案却一味追求高准确度仪表、仪器,反而得不到预期的效果的情况。因此确定实验方案时需要充分查阅资料,并要求具有综合理论知识及实际经验,把几方面融合在一起,才有可能得到合理的方案,而且还能收到事半功倍的效果。确定方案常分为以下步骤:

(1) 可行性论证

在明确实验课题目的的前提下,查阅相关资料。应充分运用现代科技,如通过网络、光盘等检索文献资料。在充分掌握实验原理和相关理论知识的情况下,对实验方法与实验方式反复进行可行性论证,以初步确定实验方案。

初步确定实验方案是对实验能力、独立工作能力的综合锻炼,是检验理论与实践相结合的依据。因此若要较好地完成实验设计,必须要有坚实的理论基础,有一定的实验技能、实践知识和经验,同时需要有较强的思维能力和对工作的高度责任感。

(2) 元件与仪器设备的选择

根据初步确定的实验方案和对实验最终误差的要求先行估算,对元器件参数进行计算,确定元器件各种参数,并根据测量要求选择相应的仪表。

(3) 实验条件的确定

在实验中应考虑实验条件,如信号源电压、频率、测试范围和接地条件等。对于准确度要求高的实验,通常还应考虑温度、湿度、气压、气候、屏蔽等因素。

2. 实验进行中的问题

在可能的条件下,运用 EDA 软件进行仿真是一种值得提倡的方法。实验进行时可能会出现三种情况:

(1) 得不到预期的实验结果

先行检查电路、仪器设备、实验方法、实验条件和测量方法等。如果这些都没有问题则需要检查实验方案,仔细推敲每一步。必要时可以进行部分修改,甚至重新制定实验方案。

(2) 出现与理论不一致的情况

这时需要仔细观察现象,和理论值逐点对照,比较分析数据并找出原因。必要时对元器件和仪表进行校验。

(3) 误差偏大

这时需要分析产生误差的原因,如果设备本身没有问题,则应重点分析是人员对仪表不熟悉,还是实验中环境变化造成误差,从中找出减小误差的方法。必要时对数据重新测量一遍。

3. 对实验结果的期望

这是实验的最后阶段,它对整个实验的重要性是不言而喻的,最好的结果是完全满足设计要求。同样的实验方案经不同的记录和整理可能获得不同的结果,产生不同的曲线。因此进行实验前先要对实验结果有所重视、有所期望,对应取的数据有充分了解或预先做好数据表格,以便测量时使用。如用 EDA 软件进行仿真实验,可以使实验的方案更趋完善。

3.5.2 实验步骤与故障排除

1. 实验前的准备

① 实验前必须先熟悉实验室守则和安全操作规程。

② 确定实验方案。根据要求认真准备,反复推敲已经确定的实验方案,力求完善,必要时可准备两套实施方案。

③ 认真预习。对实验内容、被测量、实验可能的结果等,要有一个事先的分析和估计,要做到心中有数。选择仪器设备时,要注意量程、容量,工作电压与电流不能超过额定值。仪表类型、量程、准确度、灵敏度等要合适,使测量仪表对被测电路的工作状态影响最小。

2. 实验中的工作

(1) 合理布局仪器设备

仪器设备的布局原则是:安全、方便、整齐和防止相互影响。需要直接读取的仪表、仪器放在操作者左侧;调压器、稳压电源等应靠近电源刀闸;示波器、信号源等测量仪器则放在操作者右侧。仪器设备,尤其是仪表要按表盘上的符号要求进行放置,严禁歪斜、重叠。

(2) 正确接线

接线应根据电路特点,选择合理的接线步骤,一般是先接串联电路,后接并联电路;先从电源一端出发,依串联回路次序连接各段仪表、设备等,最后返回另一端。对于电气控制方面的电路,要先接辅助电路,接好后如条件许可,应先通电检查辅助电路是否按设计的逻辑顺序动作,然后再接主电路。如系三相电源,则三根线同样往下接;走线要合理,导线的长短粗细要合适,导线之间尽量少交叉、跨越、搭接;接线柱或接线点不宜超过两个以上接线片、接线插。

仪表接头上一般不得接入两根以上的导线;插头、插针应接插良好,不可用手拽拔导线。测量表笔在不使用时要注意放置,不能任意乱放,避免造成人为安全事故。

(3) 检查调整

接好线之后,务必要认真查线,确认接线无误后再进行全面检查或调整仪器、设备、实验线路参数。有时认为接线无误即合上电源,后因参数不当造成事故的情况屡见不鲜。因此要认真检查电路参数是否已调整到实验所需值;分压器、调压器是否放在安全位置或起始位置;仪表机械调零是否已经调好。尤其是一些可调电阻器或电路中限流、限压的装置是否已放在正确位置,切不可误以为它们在零位就是正确的,以免因它们起始设定值太小而造成接通电源后即烧毁或电流过大引起元器件、设备的损坏。

(4) 安全、科学地操作与读取数据

操作时应手合电源,眼观全局,先看现象,再读数据。合上电源后,应仔细观察现象,例如负载是否正常工作,电路有无异常现象等。如果一切正常即应迅速开始读取数据。读取数据时,对常用指针式仪表要做到"眼、针、影连成一线",姿势要正确,做到只读取实测数据的实际偏转格数,不可直接读取含有单位的读数值。凡用手操作或读取数据时,切不可让人体部位碰撞或接触电路中带电部位;多个数据读取且共用一块多量程仪表时,一般应停电(断开电源)切换量程,尤其电流较大时,更不可带电切换开关或多量程挡位插销。

数据应记录在事先准备好的原始记录数据表格中,再记下所用仪表、仪器倍率,做完实验后应根据实测仪表偏转格数乘以倍率得出读数值,与事先判断值或估计值进行对比,看是否接近,有无偏差过大或异常数据。要根据所选用仪表量程和刻度盘的实际情况,合理取舍读数的有效数字。不可盲目增多或删除有效位数。原始数据不得随意修改。要尊重事实,最后应将原始数据连同实验报告一并附上。

(5) 记录所用仪器设备的铭牌、规格、量程和编号

记录设备编号是必要的,以便测试结束整理数据时发现数据有误或异常,可以按原编号设备查对核实。

3. 一般故障原因分析

① 电路连接点接触不良,导线内部断线。

② 元器件、导线裸露部分相碰造成短路。

③ 电路连接错误。

④ 测试方法错误。

⑤ 元器件参数不合适。

⑥ 仪表或元器件损坏。

4. 一般故障排除

排除故障是锻炼实际工作能力的一个重要方面,需具备一定的理论基础、较熟练的实验技能及丰富的实际经验。一般排除故障的步骤如下:

① 出现故障应立即切断电源,避免故障扩大。

② 根据故障现象,判断故障的性质。故障一般可分两大类:一类属于破坏性故障,可使仪器、设备、元器件等造成损坏,其现象是出现烟、味、声、热等;另一类属于非破坏性故障,其现象是无电流、无电压,或电流、电压的数值不正常,波形不正常等。

③ 根据故障性质,确定故障的检查方法。对破坏性故障,不能采用通电检查的方法,应先切断电源,然后用欧姆表检查电路的通断,有无短路、断路或阻值不正常等。对非破坏性故障,既可采用断电检查,也可采用通电检查。通电检查主要是用电

压表,检查电路有关部分的电压是否正常,或采用两者相结合的方法。

④ 故障检查。进行故障检查时,首先应了解电路各部分在正常情况下的电压、电流、电阻值等量值,然后才可用仪表进行检查,逐步缩小产生故障的区域,直到找出故障所在的部位。

3.6 实验报告

3.6.1 实验报告的书写

1. 重要性

完成了实验中电路的定性观察和定量测量后,对数据进行认真整理和分析,去伪存真、由此及彼地对实验现象和结果得出正确的理解和认识,对提高学习能力和工作能力是十分重要的。

实验报告是实验工作的全面总结,要用简明的形式,将实验结果完整地表达出来,将实验现象真实地表述出来。因此实验报告的质量对实验的评估、经验交流、成果推广、学术评价起着至关重要的作用。完成实验后,一份合格的实验报告,也是体现工作和研究能力的一个有力佐证。

2. 书写要求

实验报告的书写要求可用 24 个字来概括:文理通顺、简明扼要、字迹端正、图表清晰、分析合理、结论正确。

实验报告书写用纸应力求格式正规化、标准化,选用学校规定的实验报告用纸,曲线绘制用坐标纸,切忌大小不一。

为便于保存,最好用钢笔书写,避免用圆珠笔造成油污或字迹数据模糊。曲线必须注明坐标、量纲、比例。

3.6.2 实验报告的内容

1. 实验目的

根据实验要求,列出本实验要达到的目的。

2. 实验原理及方法

详细介绍实验所涉及的电路原理(包括公式、定理等)和实验方法。

3. 实验线路

画出实验线路并标出每个元件的参数及测量电参数的位置、参考方向。

4. 使用设备及编号

记录实验中使用的实验台编号、设备名称、型号、编号、准确度。

5. 数据图表及计算

全部数据应一律采用通用国际单位 SI 制。要充分发挥曲线和表格的作用。数据按一定规律进行整理形成表格曲线。特别是曲线,可以从曲线中迅速地发现规律及一些异常的数据,有助于分析问题和最后解决问题。

6. 数据的误差处理

首先应对这些数据和现象进行去粗存精,这一处理工作用来确定数据的准确程度和取值的范围(即误差分析);然后根据所选用实验仪表的准确度,分析实验的误差。

7. 讨论、总结或体会

根据实验的要求及数据处理结果,讨论完成情况,对实验出现的一些现象和问题进一步探讨或保留意见,反思是否达到本次实验的目的。

实验总结应包括对实验结果的理论解释、实验误差的分析、实验方案的评价与改进意见,以及解决实际问题的体会。总结实验的收获,这一部分应是实验报告的重点,不可疏漏。

第 4 章 RLC 元件

R、L、C 元件一般是指电路中的无源元件,分别为电阻器(简称电阻)、电感器(简称电感)、电容器(简称电容)。电阻、电感、电容元件都有线性和非线性之分,若不加说明,则默认为线性元件。R、L、C 元件均有一定的技术参数和技术指标(大部分都按国标标定),了解和掌握它们会给电路设计带来很大的方便。

4.1 电阻元件

电阻就狭义而言是指最常见的线性二端元件。大部分电阻是用金属或非金属材料制成,其品种极其繁多,图 4-1 所示是最常见的电阻及其功率符号。

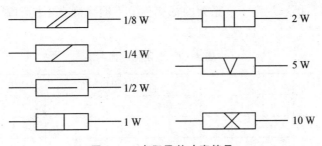

图 4-1 电阻及其功率符号

4.1.1 电阻的命名和分类

1. 命 名

电阻根据国标 GB 2470—81 来命名,如图 4-2 所示。

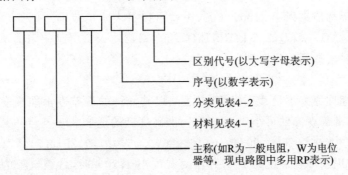

图 4-2 电阻的命名

2. 分 类

图 4-2 中电阻的材料代号见表 4-1，分类见表 4-2。

表 4-1 电阻的材料代号

字母代号	T	H	S	N	J	Y	I
意 义	碳膜	合成膜	有机实心	无机实心	金属膜	氧化膜	玻璃釉膜

表 4-2 电阻的分类

分类序号	1	2	3	4	5	6
分类名称	普通型	精密型	高频型	高压型	高阻型	集成型

4.1.2 电阻的主要技术指标

1. 标称值

电阻的标称值是以 20 ℃为工作温度来标定的。为了便于大量生产和使用者在一定范围内选用，国家规定了一系列的标称值。不同系列有不同的误差等级和标称值，误差越小，电阻的标称值越多，见表 4-3。

表 4-3 电阻标称值

系 列	误差/%	电阻标称值										
E24	±5	1.0	1.1	1.2	1.3	1.5	1.6	1.8	2.0	2.2	2.4	2.7	3.0
E12	±10	1.0		1.2		1.5		1.8		2.2		2.7	
E6	±20	1.0				1.5				2.2			
系 列	误差/%	电阻标称值										
E24	±5	3.3	3.6	3.9	4.3	4.7	5.1	5.6	6.2	6.8	7.5	8.2	9.1
E12	±10	3.3		3.9		4.7		5.6		6.8		8.2	
E6	±20	3.3				4.7				6.8			

将表中标称值乘以 10,100,1 000,…就可以扩大阻值范围。例如，表 4-3 中的"2.2"包括 2.2 Ω,220 Ω,2.2 kΩ,22 kΩ,220 kΩ,2.2 MΩ 等这一阻值系列。在设计电路时要尽量选择标称值系列。

2. 准确度

电阻的标称值并不是其真值，两者之间以其允许的误差表示准确度。电阻的误差范围很大，准确度高的可小于 0.001%，准确度低的达 80%甚至 100%。电阻的准确度分为 0.001,0.002 5,0.005,0.01,0.025,0.05,0.1,0.25,0.5,1,2,5,10,20,30 等 30 级。在周围环境温度为 20℃和相对湿度小于 80%时，各级电阻的相对误差的百分数均应小于其准确度级别数，即 0.5 级标称值为 R 的电阻在 20 ℃和相对湿度小于 80%条件下，其允许的绝对误差≤0.5% · R。

3. 额定功率

当电流通过电阻时会因消耗功率而引起升温。一个电阻在正常工作时,其所允许的功率称为额定功率。额定功率一般以图形符号在电阻上标出,如图4-1所示。实际使用功率超过规定值时,会使电阻因过热而改变阻值,甚至烧毁。对一些准确度高(如高于0.1%)的电阻,为保证其准确度,往往还要降低功率使用。

电阻的允许功率与其使用时周围温度有关,通常电阻标明的允许功率(或允许电流)是指其周界温度在20℃附近时的值。随着周界温度升高,其允许功率将下降,当周界温度升到某一数值时,电阻允许的功率将降为零。也就是说,这个温度是该电阻的最高允许温度,如对于RJ型金属膜电阻,最高允许温度为125℃。因此在电路设计中,选用电阻时要注意选用合适功率(或电流)的电阻,而不是仅仅考虑其阻值。

4.1.3 电阻的标示法

下面介绍普通电阻色环标示法、三位数字标示法、一个字母和一位数字标示法。

1. 色环标示法

色环标示法是目前采用最广泛的电阻标示法,它在电阻上用不同颜色的四个色环来表示电阻的标称值,以紧靠电阻一端的色环为第一位,如图4-3所示。

色环标示法以其每种颜色代表不同的数字的组合来表示电阻的标称值、幂次数和误差,见表4-4。

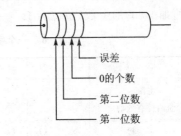

图4-3 色环标示电阻

表4-4 色环标示法规则

颜 色	第一位数	第二位数	幂次数	误差/%
黑	—	0	$\times 10^0 = 1$	±1
棕	1	1	$\times 10^1 = 10$	±2
红	2	2	$\times 10^2 = 100$	±3
橙	3	3	$\times 10^3 = 1\,000$	±4
黄	4	4	$\times 10^4 = 10\,000$	—
绿	5	5	$\times 10^5 = 100\,000$	±0.5
蓝	6	6	$\times 10^6 = 1\,000\,000$	±0.2
紫	7	7	$\times 10^7 = 10\,000\,000$	±0.1
灰	8	8	$\times 10^8 = 100\,000\,000$	—
白	9	9	$\times 10^9 = 1\,000\,000\,000$	—
金	—	—	$\times 10^{-1} = 0.1$	±5
银	—	—	$\times 10^{-2} = 0.01$	±10
无色				±20

例如：电阻上的四种颜色分别为黄、紫、红、银，则电阻标称值为 4 700 Ω，误差为 10％；若四种颜色分别为蓝、灰、黑、金，则电阻标称值为 68 Ω，误差为 5％。

2. 三位数字标示法

三位数字标示法中第 1、2 位数字为有效数字，第 3 位数字表示在有效数字的后面所加“0”的个数，单位：Ω。如果阻值小于 10 Ω，则以“R”表示“小数点”。电阻三位数字标示法举例见表 4－5。

表 4－5 电阻的三位数字标示法举例

数字代号	R47	4R7	470	471	472	473	474
标称阻值	0.47 Ω	4.7 Ω	47 Ω	470 Ω	4.7 kΩ	47 kΩ	470 kΩ

3. 一个字母和一位数字标示法

一个字母和一位数字标示法是指在电阻体上标示一个字母和一个数字。其中，字母表示电阻值的前两位有效数字(见表 4－6)，字母后面的数字表示在有效数字后面所加的“0”的个数，单位为 Ω。一个字母和一位数字标示法举例见表 4－7。

表 4－6 一个字母和一个数字标示法中字母含义

字 母	A	B	C	D	E	F	G	H	J	K	L	M
电阻值前两位有效数字	1.0	1.1	1.2	1.3	1.5	1.6	1.8	2.0	2.2	2.4	2.7	3.0
字 母	N	O	Q	R	S	T	U	V	W	X	Y	Z
电阻值前两位有效数字	3.3	3.6	3.9	4.3	4.7	5.1	5.6	6.2	6.8	7.5	8.2	9.1

表 4－7 一个字母和一个数字标示法举例

代 码	A0	A1	B2	H3	K4	Y5
电阻值	1 Ω	10 Ω	110 Ω	2 000 Ω	24 kΩ	820 kΩ

4.1.4 贴片电阻

图 4－4 所示为一种典型贴片电阻编码图。

①	②	③	④	⑤	⑥	⑦	⑧	⑨
M	ER	E	T	0805	A	F	B	471

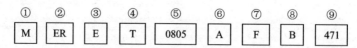

图 4－4 一种典型贴片电阻编码图

图 4－4 中各部分所表示的含义如下：

① 表原材料类。

② 表电阻。

③ 表规格。E：贴片型；P：插件型。

④ 表材质。T＝TFC＝厚膜晶片，N＝NTC＝负热敏电阻，P＝PTC＝正热敏电阻，O＝MOF＝金属氧化皮膜，C＝CFR＝碳素皮膜，M＝MFR＝金属皮膜，W＝WWR＝线绕，F＝TFN＝厚膜排列型，R＝CWR＝水泥型，U＝FUS＝保险丝。

⑤ 表尺寸。引脚类别：0402 表示 1.0×0.5 mm，0603 表示 1.6×0.8 mm，0805 表示 2.0×1.25 mm，1206 表示 3.2×1.6 mm，1210 表示 3.2×2.5 mm，1812 表示 4.45×3.18 mm，2010 表示 5.0×2.5 mm，2512 表示 6.3×3.2 mm；0000 表示有脚电阻，脚位横向引出；0001 表示有脚电阻，脚位竖向引出；D000 表示圆形有脚，脚位横向引出；L000 表示长形有脚，脚位横向引出，D001 表示圆形有脚，脚位竖向引出；L001 表示长形有脚，脚位竖向引出。

⑥ 表功率。A＝1/16 W，B＝1/10 W，C＝1/8 W，D＝1/4 W，E＝1/2 W，F＝1 W，G＝2 W，H＝5 W，I＝7 W，J＝10 W，K＝15 W，L＝20 W，M＝25 W，N＝30 W，O＝40 W，P＝50 W，Q＝100 W，U＝150 W，Y＝无功率表示。

⑦ 表误差。F＝±1％，G＝±2％，J＝±5％，K＝±10％，C＝±0.25％，D＝±0.5％，L＝±15％，M＝±20％，Y＝无误差表示。

⑧ 表包装。B＝BULK 散装（塑胶袋装），C＝BULK CASE 盒装，P＝纸带卷装，E＝Embossed tape 卷装。

⑨ 表阻值。贴片电阻有圆柱形或矩形两种，其中圆柱形贴片电阻的阻值标示方法和传统电阻的色环标示法基本相同，在此不再赘述；矩形贴片电阻阻值代码用字母或数字标示，标示方法主要有三位数字标示法、一个字母和一位数字标示法两种。"471"表示该贴片电阻阻值为 470 Ω。

4.2　电感元件

电感和互感有时统称为电感，都是在电路中由于"电磁感应"而用于电与磁转换的元件。电感是一个线圈自身的感应现象，故又称为自感，而互感则是两个（或两个以上）线圈之间的互相感应现象。

常用的自感元件分两类：一类称为空心电感，通常是绕在空心圆筒或骨架上的线圈，其工作电流与电压满足线性关系；另一类则称为含铁芯电感，它是在线圈内带有铁芯（或磁芯），其工作电流与电压不满足线性关系。

线性电感的电感值与电压、电流无关，而非线性电感的电感值则与电压、电流有关。

4.2.1　电感的主要技术指标

1. 标称值

电感的标称值是指在正常工作条件下该电感的自感量或互感量，一般在电感器上都有标明。分挡调节的可变电感器则由分挡标出电感量；连续可变的电感器多数用有标度的转盘指示相应位置的电感量。

2. 准确度

电感准确度等级的定义类似于电阻,在规定的使用频率下,其误差分别在±a%以内,其中a为电感的准确度等级。标准电感的准确度等级有0.01,0.02,0.05,0.1,0.2,0.5,1.0。

3. 最大工作电流

电感的最大工作电流又称为允许电流。绝大多数电感是由绝缘的漆包线绕制线圈而成,若工作时流过电感的电流超标,则会因电感线圈过热而造成漆包线的绝缘破坏,导致电感损坏。因此电感工作时电流不得超过其说明书上的允许电流,有些可变电感箱当旋钮在不同指示值时的允许电流是不同的,使用时要特别注意其电流标称值。

4. 工作频率

由于电感的等效参数与频率有较大的关系,所以电感的标称值、准确度等指标都是在指定的频率范围内给出的。各类产品在其说明书上均注明有其适用的频率范围。低频电路中使用的标准电感是在规定的频率下测定的,如0.05级以下的电感,频率为(1 000±10)Hz,0.01级和0.02级的为(1 000±2)Hz。当电感的使用频率与其检定时所用的频率不同时,电感的标称值和准确度等级都将改变。这点在使用电感器时应予以充分的注意。对于自制电感的测定,也应注意测定频率与实验使用的频率是否一致。

5. 空心电感线圈的等效电路

空心电感线圈的等效电路如图4-5和图4-6所示。图4-5是工作在低频时的等效电路;图4-6为工作在高频时的等效电路。

图4-5 空心电感线圈低频时的等效电路

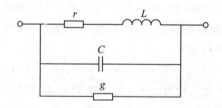

图4-6 空心电感线圈高频时的等效电路

图4-5中L是电感的标称值,它取决于线圈的磁路,并与匝数平方成正比;r则表征了电感器的功率损耗电阻。对于低频空心线圈来说,该电阻即为构成线圈的导线电阻R。如果电路的频率较高,或线圈的杂散电容(绕组的匝间电容及层间电容)较大,则要用图4-5的等效电路表征。其中,L主要是由磁路决定的电感,r主要是由导线的电阻决定,线圈的杂散电容则用一个集中的电容C来表征。频率越高,杂

散电容 C 对电感等效参数的影响越显著,电导 g 则是考虑在高频时线圈周围介质的极化损耗。

在图 4-6 中,将电感线圈的杂散电容看成一个集中电容 C 与线圈并联,当电感与其他电容并联时,其谐振角频率将受 C 的影响而下降。

电工实验大多在工频或低频下进行,图 4-5 中的空心电感线圈,其等效阻抗 Z 为

$$Z = r + jX_L \qquad (4-1)$$

当线圈的尺寸对线圈中电压、电流的波长不可忽略时,其等效电路应按分布参数电路考虑。

6. 品质因数

电感的等效阻抗的虚部和实部之比称为该电感器的品质因数,记作 Q_L,即

$$Q_L = X_L / r \qquad (4-2)$$

式中,X_L 为电感的等效电抗;R 为电感的等效电阻。

由于电感的等效电抗 X_L 是频率的函数,所以 Q_L 是随频率而变的。若是非线性电感器,品质因数 Q_L 还随电压、电流的大小而变化。

4.2.2 贴片电感

图 4-7 所示为一典型贴片电感的编码图。

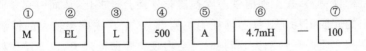

图 4-7 一种典型贴片电感编码图

图 4-7 中各部分所表示的含义如下:

① 表原材料类。
② 表电感类。
③ 表电感类。L=电感,P=电源扼流圈,F=高低通滤波器,M=储能形电感。
④ 表频率(仅用于滤波器):500 表示 50 Hz,101 表示 100 Hz,102 表示 1 kHz,103 表示 10 kHz。
⑤ A=磁芯可调形,B=磁芯固定形。
⑥ 表电感量。
⑦ 表 Q 值。100 表示 10,101 表示 100,102 表示 1000。

4.2.3 含铁芯(或磁芯)线圈的特殊问题

通常为了增加电感线圈的电感量,可在线圈中加铁芯(或磁芯)。铁芯的材料可以是硅钢片、坡莫合金、铁氧体等高磁导率物质。硅钢片是低频电路(主要是工频电路)中应用最广的铁芯,其最大相对磁导率可达 10^4。坡莫合金则以磁导率高而著称,最大相对磁导率达 $10^5 \sim 10^6$,但价格较高。通常只在电感元件的体积受到限制,

需要有小体积的大电感场合,才考虑使用坡莫合金的铁芯。由于铁芯中的磁滞和涡流的影响,一般硅钢片和坡莫合金只在低频电路中使用,其使用的上限频率为音频(20 kHz)。铁氧体磁芯使用的频率范围很广,根据材料配方的不同,其磁导率的范围也很大。一般在音频使用的铁氧体磁芯有较高的磁导率,使用频率越高的铁氧体磁芯的磁导率越低。

1. 损 耗

线圈加铁芯后虽使其电感值增大,但也带来了一些其他问题。首先,由于铁芯材料的磁滞特性,以及铁芯材料的电导率不可能为零,因此当线圈在交流电路中使用时,铁芯中将引起损耗,进而增大了电感元件的损耗,即增大了其等效电阻 R。

铁芯损耗包括磁滞损耗、涡流损耗和介质损耗。这些损耗与材料的性质、几何尺寸、磁感应强度及频率等因数有关。

对于硅钢片、坡莫合金这些金属型铁芯,铁芯损耗是由磁滞损耗和涡流损耗构成。磁滞损耗正比于材料的磁滞回线的面积和磁化的频率。涡流损耗则与频率平方成正比,与材料的电阻率成反比。

铁芯(或磁芯)中磁感应强度的振幅 B_m 及每片铁芯的厚度 d 与涡流损耗有关,B_m 和 d 越大,涡流损耗也越大。由于铁氧体的电阻率是金属型磁性材料电阻率的几万倍。所以铁芯中的涡流损耗甚小,这是它能在高频电路中使用的原因。但铁氧体是介质型磁性材料,在工作时铁芯除被磁化外还会被极化,从而引起介质损耗。通常铁氧体心的介质损耗是其铁芯损耗的主要部分,尤其磁导率较大的铁氧体在低频时介电系数和介质损耗特别大,高频时又会出现空腔谐振现象,也会使损耗增大。

另外,在使用含铁芯的线圈时,若有直流电流通过线圈,则会改变铁芯的工作点在磁化曲线上的位置,从而改变线圈的电感增加量和损耗量。

2. 波形畸变

由于铁芯材料的 B-H 曲线的非线性关系,所以含铁芯的电感器从理论上说都是非线性电感。其电感值与通过的电流有关,电流越大,电感值越小。电感的非线性还使交流电路中的电压、电流波形发生畸变,出现高次谐波(以三次谐波最为显著);铁芯愈接近饱和,畸变愈严重。为了降低铁芯线圈的非线性程度,减轻电压、电流波形畸变的程度,线圈的铁芯应在低磁感应状态下工作。

4.3 电容元件

电容器简称电容,是由极间放有绝缘电介质的两金属电极构成的。其电介质可为真空、气体(空气、氯气、六氟化硫、二氟二氯甲烷等)、云母、纸质、高分子合成薄膜(聚苯乙烯、聚碳酸酯、聚酯、尼龙、聚四氟乙烯等)、陶瓷、金属氧化物等。

电容按其工作电压可分为高压电容和低压电容。高压电容两极板间的距离相对较大,两极之间可以承受较高的工作电压;低压电容两极板间的距离相对较小,只能承受较低的电压。

按电容的容量与电压的关系来分,电容分为线性电容和非线性电容。以空气、云母、纸、油、聚苯乙烯等为介质的电容器是线性电容;以铁电体陶瓷为介质的陶瓷电容是非线性电容,它虽有较大的电容量,但由于铁电体的介电系数 ε 不是常数,所以其电容量会随所加电压的大小而改变。

4.3.1 电容命名和介质代号

1. 命　名

电容根据国标 GB 2470—81 命名,如图 4-8 所示。

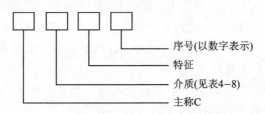

图 4-8　电容的命名

2. 介质代号

电容的介质代号见表 4-8。

表 4-8　电容介质代号表

字母代号	Y	V	Z	J	L	Q	H	D
介　质	云母	云母纸介	纸介	金属化	涤纶	漆膜	复合	铝电解
字母代号	T	N	A	G	B	H	S	E
介　质	钛电解	铌电解	钽电解	合金电解	聚苯乙烯	合成膜	有机	其他材料

4.3.2 电容的主要技术指标

1. 标称值

电容的标称值是指电容在正常工作条件下的电容量。与电阻一样,除特殊电容外,固定电容也是由国标定出系列标称值。不同系列有不同的误差等级和标称值,见表 4-9。通常电容的容量是在 pF(皮法)级至 μF(微法)级的范围内。

表 4-9　固定电容标称值

系　列	误差/%	电容标称值										
E24	±5	10	11	12	13	15	16	18	20	22	24	27	30
E12	±10	10		12		15		18		22		27	
E6	±20	10				15				22			

续表 4-9

系 列	误差/%	电容标称值										
E24	±5	33	36	39	43	47	51	56	62	68	75	82	913
E12	±10	33		39		47		56		68		82
E6	±20	33				47				68		

2. 准确度

电容的标称值并不是其真值,两者之间以其允许的误差表示准确度。通常使用的电容准确度均低于 0.1 级,其误差多按±0.2%、±0.5%、±1%、±5%、±10% 分级,有的甚至可达±20%。作为量具的电容(标准电容)和电容箱的准确度等级有 0.01、0.02、0.05、0.1 和 0.2。电解电容器的准确度是极低的,其误差可在±50%~±100% 之间,而且与使用及储存的时间有关。电解电容一般只做旁路滤波使用。

3. 损耗角和介质损耗

在正弦交流电路中,可以将一个电容等效为一个理想电容 C 和一个表示介质损耗的电阻 R 并联,如图 4-9 所示。

对于电容介质损耗角 δ,如图 4-10 所示,有

$$\tan\delta = \frac{P}{Q_C} \tag{4-3}$$

或

$$\delta = \arctan\frac{P}{Q_C} = \arctan\frac{1}{\omega RC} \tag{4-4}$$

式中,ω 是电容工作时电源的角频率;P 是电容的有功功率;Q_C 是电容的无功功率。$\tan\delta$ 称为电容的介质损耗,δ 称为电容的损耗角,$\tan\delta$ 是电容的一个重要技术指标。可见,在正弦交流电路中电容上电流与电压的相位差实际不为 90°。

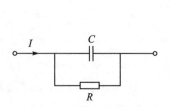

图 4-9 电容的等效电路

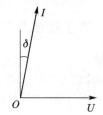

图 4-10 电容介质损耗角

通常电容的介质损耗 $\tan\delta$ 很小,在 $10^{-4}\sim 10^{-2}$ 数量级中。空气电容器在射频时的 $\tan\delta$ 为 10^{-4},云母电容器的 $\tan\delta$ 为 $50\times 10^{-4}\sim 20\times 10^{-4}$,聚苯乙烯电容器的 $\tan\delta$ 为 5×10^{-4},高频陶瓷电容器的 $\tan\delta$ 为 $10\times 10^{-4}\sim 2\times 10^{-4}$,纸介电容器的 $\tan\delta$ 为 $5\times 10^{-2}\sim 1\times 10^{-2}$。原则上说,中性的和极性弱的高分子薄膜电容有较小的 $\tan\delta$。电解电容器的介质损耗很大,50 Hz 时其 $\tan\delta$ 可达十分之几到百分之几,

作为工作基准的电容器,当频率为 1000 Hz 时,$\tan\delta$ 为 10^{-5} 数量级。

在工频电路中常认为 $\delta=0$,随着电路频率的增大,电容器介质中的极化损耗也相应增大,逐渐成为电容器损耗的主要成分。

4. 额定电压

电容的额定电压表示其两端能承受的最高直流电压,对于交流电压是指其最大值而非有效值。

通常在电容上都标有额定电压,低的只有几伏,高的可达数万伏。使用时要注意选择适合额定电压的电容,避免因工作电压过高而使电容击穿造成短路。例如在工频 220 V 中使用的电容,由于其电压最大值为 220 V×1.4=314 V,故电容的额定电压要大于此值(一般至少大于最大工作电压的 1.2 倍)。

一些容易被瞬间电压击穿的瓷介电容器,应尽量避免接在低阻电源的两端。有些电容器经不太严重的击穿后,虽仍可恢复其绝缘,但容量和准确度都会降低。

电解电容的耐压与存储时间有很大关系,长期不使用的电解电容器,耐压水平会下降;重新使用时,应先加一半额定电压,一段时间后电容才能恢复原有的耐压水平。

5. 频率使用范围

由于电容的介质损耗 $\tan\delta$ 与频率有关,而且所用介质不同,各种电容器的使用频率范围也不相同。常用电容器的使用频率范围见表 4-10。

表 4-10 常用电容器的使用频率范围

电容名称	使用频率范围/Hz
铝(钽)电解电容器	$0\sim10^5$
纸与金属化纸介电容器	$10^2\sim10^6$
高频陶瓷电容器	$10^3\sim10^6$
聚脂电容器	$10^2\sim10^7$
云母、聚苯乙烯、玻璃、低损陶瓷电容器	$10^2\sim10^{10}$

电解电容器由于介质损耗大、杂散电感大,使用的频率上限很低,所以在将电解电容器旁路时,还需并联小容量的其他电容以降低高频时的总阻抗。

4.3.3 电容的标示法

目前,电容器的标示法大致包括五种:直标法、色环标示法、三位数标示法、颜色加字母标示法、字母数字混合标示法。其中,直标法是直接将电容的标称值、额定电压标在电容上,这种方法直观、方便,体积较大的电容目前大多使用这种标示方法;色环标示法与电阻的标示方法相似,参见表 4-4,这种方法由于读数不直观,在电容上较少采用。

1. 三位数标示法

三位数标示法中,数字前面两位表示电容标称值的有效数字,第三位表示有效数字后面需添加"0"的个数,单位为 pF。

2. 颜色字母标示法

颜色字母标示法是指电容上标一种颜色加一个字母的组合来表示容量。其中字母表示容量的前两位有效数字,见表 4-11。其颜色则表示在字母代表的有效数字后面再添加"0"的个数,单位为 pF,详见表 4-12。

表 4-11 颜色字母标示法中字母的含义

字母	A	B	C	D	E	F	G	H	J	K	L
容量前两位有效数字	1.0	1.1	1.2	1.3	1.5	1.6	1.8	2.0	2.2	2.4	2.7
字母	M	N	O	Q	R	S	T	U	X	Y	Z
容量前两位有效数字	3.0	3.3	3.6	3.9	4.3	4.7	5.1	6.8	7.5	8.2	9.1
字母	a	b	d	e	f	u	m	v	h	t	y
容量前两位有效数字	2.5	3.5	4.0	4.5	5.0	5.6	6.0	6.2	7.0	8.0	9.0

表 4-12 颜色字母标示法中颜色的含义

颜色	红	黑	蓝	白	绿	橙	黄	紫	灰
10^n 次方中 n 的值	0	1	2	3	4	5	6	7	8

例如:红色后面还印有"Y"字母,则表示电容值为 $8.2 \times 10^0 = 8.2$;黑色后面印有"H"字母,则表示电容值为 $2.0 \times 10^1 = 20$;白色后面加印有"N"字母,则表示该电容值为 $3.3 \times 10^3 = 3\,300$。

3. 字母数字混合标示法

字母数字混合标示法是指在贴片电容的白色基线上打印一个黑色字母和一个黑色数字(或在方形黑色衬底上打印一个白色字母和一个白色数字)作为代码。其中字母表示容量的前两位有效数字,见表 4-11。后面的数字则表示在前面两位有效数字的后面所加"0"的个数,单位为 pF。举例见表 4-13。

表 4-13 电容一个字母和一个数字标示法举例

代码	e0	A1	G2	F3	J4	S5	N6	A7
电容值	4.5 pF	10 pF	180 pF	1 600 pF	0.022 μF	0.47 μF	3.3 μF	10 μF

4.3.4 贴片电容

贴片电容的外形与贴片电阻相似,只是稍薄。一般贴片电容为白色基体,多数钽电解电容却为黑色基体,其正极端标有白色极性。贴片电容像贴片电阻一样,也有片形和圆柱形两种,其中圆柱形贴片电容酷似贴片柱形电阻,只是通体一样粗,而电阻则两头稍粗。图4-11所示为一典型贴片电容编码图。

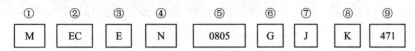

图4-11 一种典型贴片电容编码图

图4-11中各部分所表示的含义如下:
① 表原材料类。
② 表电容。
③ 表规格:E表示贴片型,P表示插件型。
④ 表电介质:H表示HVC高电压,P表示POC多元脂,Q表示HQC高Q值,T表示TZC钽质,C表示CPC瓷片,W表示CWC陶瓷,Q表示PPC聚丙稀,S表示PSC聚本乙稀,O表示MPO金属多元脂,U表示多层陶瓷电容,M表示MPP金属聚丙稀,等等。
⑤ 表尺寸,引脚类别:0402表示1.02×0.51 mm,0603表示1.5×0.75 mm,0805表示2.03×1.27 mm,1206表示3.18×1.58 mm,1210表示3.18×2.41 mm,1812表示4.45×3.18 mm,0000表示有引脚电容且引脚位横向引出,0001表示有引脚电容且引脚位竖向引出。
⑥ 表耐压:J表示4 V,N表示6.3 V,G表示10 V,E表示16 V,H表示20 V,A表示25 V,F表示35 V,B表示50 V,I表示63 V,P表示75 V,D表示100 V,Q表示160 V,R表示200 V,L表示250 V,O表示275 V,S表示315 V,T表示350 V,Y表示400 V,X表示450 V,Z表示630 V,C表示1 kV,K表示2 kV,U表示3 kV,W表示6.3 kV。
⑦ 表误差:C表示±0.25 pF,D表示±0.5 pF,F表示±1 pF,J表示±5%,K表示±10%,M表示±20%,Z表示(+80%,-20%)。
⑧ 表包装:B表示BULK散装(塑胶袋装),C表示BULK CASE盒装,E表示塑胶带卷装7",U表示塑胶带卷装13",T表示纸带卷装7",K表示纸带卷装13"。
⑨ 表容量:"471"表示470 pF。

第 5 章 电工实验安全技术

5.1 用电安全概述

电对人类的巨大贡献是众所周知的,它与水和空气一样不可缺少。水能载舟,也能覆舟,电也如此,做电工实验时,与电打交道,就要求对用电安全有充分的认识。

5.1.1 电对人体的伤害

电对人体的伤害有两种:一是电击,二是电灼伤。电击是电流通过人体影响呼吸、心脏和神经系统,使人体内部的组织被破坏直至死亡;电灼伤是指电流或电弧对人体外部造成的局部性伤害,如烧伤等,严重的也会导致死亡。触电事故伤害程度与通过人体电流的大小、持续时间、途径、电流的频率及人体本身的健康状况等因素有关。

1. 电伤害

通过人体的电流大小是电击伤害程度的决定性因素。工频交流 1 mA 或直流 5 mA 的电流通过人体就会引起麻或痛觉,但自己还能摆脱电源;如果通过人体的工频交流电流超过 20 mA 或直流超过 80 mA,就会引起电麻痹、呼吸困难,自己已不能摆脱电源并危及生命。所以一般认为工频交流 10 mA 以下,直流 50 mA 以下为安全电流。

通过人体的电流还决定于人体的电阻及外加电压。人体表皮 0.05~0.2 mm 厚的角质层具有很高的电阻,一般为 1000~2000 Ω,但角质层极易被破坏,此时人体电阻仅为 600~1000 Ω。如果皮肤潮湿、多汗、有损伤、接触面积加大、接触压力增加等情况,人体电阻也会降低。外加电压取决于不同的触电情况,如单相触电、两相触电或跨步电压触电等。其中单相触电是指人体站在地面或某接地体上,身体其他部位触及一相带电体时的触电,在交流变压器中性点接地的三相系统中,单相触电电压接近 220 V。两相触电是指人体部位有两处同时触及两相带电体的触电,一般外加电压达 380 V。跨步电压触电是指当带电体接地并有电流流入地下时,电流在接地点周围土壤中产生电压降,人体接近接地点,两脚跨步之间承受跨步电压,其大小与人的两脚位置(即跨步的大小)及距接地体位置等因素有关。由于人体电阻取决因素很多,所以各国规定的安全电压均是根据具体条件确定的。

(1) 电 击

电击是指电流通过人体时,对细胞、神经、骨骼及器官等造成的伤害。这种伤害通常表现为针刺感、压迫感、打击感、肌肉抽搐、神经麻痹等,严重时将引起昏迷、窒息,甚至心脏停止跳动而死亡。电击伤害主要在人体内部。

对触电造成死亡的主要原因,目前较一致的看法是电流流过人体时引起的心室纤维颤动,使心脏功能失调、供血中断、呼吸窒息,从而导致死亡。

(2) 电灼伤

电灼伤是电流的热效应、化学效应、机械效应对人体造成的伤害,如电烧伤、电弧烧伤、电烙印、皮肤金属化、机械损伤、电光眼等。电灼伤一般是在电流较大和电压较高的情况下发生的。电灼伤局部性伤害一般会在肌体表层留下明显伤痕。据统计,在触电伤亡事故中纯电灼伤或带电灼伤约占75%。

2. 电流通过人体时的影响

所谓的安全电流,如果长时间通过人体,仍然是有危险的。一般而言,电流通过人体的时间愈长,人体电阻愈降低,后果就愈严重。此外,人体心脏收缩及舒张中约有 0.1 s 的时间间隙,如果电流恰好在这一时间间隙通过心脏,即使电流很小也会引起心脏颤震,所以电流持续时间延长,必然会与心脏最敏感的时间间隙重合,危险很大。

3. 电流通过人体途径的影响

触电情况是多种的,最危险的路径是从人体的左手到前胸,此时人体的心脏、肺部和脊髓都处于电路中,因此它可能引起心脏房室颤动或停跳,也可能通过脊髓造成肢体瘫痪。除此之外,是手到手的路径,还有脚到脚的路径。虽然脚到脚的路径危险性小,但易引起痉挛摔倒造成坠落摔伤,或导致电流通过全身的严重的二次事故。

4. 电流频率及电伤害对人体健康状况的影响

通常我们采用的工频交流电对于电器设备较理想,但对人体却最危险。偏离这个频率范围,则电击伤害的严重性将显著减小。当然高频高压电对电击伤害的危险性还是很大的。人的健康状况及生理素质对电击伤害也有很大影响,例如患有心脏病、肺结核或神经系统疾病的人,在受到与正常人同等程度的电击伤害时,所受的伤害远比正常人严重得多,甚至危及生命。据统计,电流频率在 50~100 Hz 时,电击对人体伤害的影响约有 45% 死亡率,频率在 125 Hz 时死亡率降至 20%,而频率大于 200 Hz 时触电的危险进一步减小。

5.1.2 实验室安全防护和安全用电

用电不当,除了会对人体造成伤害外,还会对实验设备、生产等造成损失甚至造成严重灾害。在设计实验和操作设备时必须考虑安全防护和安全用电。

1. 实验室安全防护

(1) 安装自动断电保护装置

自动断电保护装置是一种新型用电安全措施,有漏电保护、过流保护、过压保护、短路保护等功能。当发生触电或线路、设备故障时,自动断电装置能在规定时间内自动切断电源,保护人身安全和设备安全。

(2) 采用安全操作电压

安全操作电压是指人体较长时间接触带电体而不发生触电的电压。国际电工委员会(IEC)规定,其上限为 50 V。我国规定:对 50~500 Hz 的交流电,安全电压有效值为 42 V、36 V、24 V、12 V、6 V 五个等级,且任何情况下均不得超过 50 V 有效值。目前,采用较多的安全电压是交流 12 V 和 36 V。但采用安全操作电压导致使用的低压电器设备经济性能变差,体积增大且笨重,因此安全操作电压多用于局部照明或电气保护、控制回路中。

(3) 设立防护屏障

对于高压设备,应悬挂警告牌,装设信号装置,采用屏护遮拦,采取将设备保护接零、保护接地等方法。

(4) 保证安全距离

设备的布置或安装要考虑操作的安全距离,在任何情况下需保证人体与带电体之间、人体与设备之间的安全距离。

(5) 加强安全教育

严格执行操作规程和工艺规范。在实验室必须严格遵守实验室守则,养成良好的科学操作习惯,是预防和避免触电事故的重要措施之一。

2. 实验室安全用电

(1) 尽量避免带电操作

在接线或检查时应尽量避免带电操作,特殊情况要带电作业时,注意绝缘。

(2) 规范操作

使用任何电器设备必须严格遵守使用条件,切不可随意过载运行。

(3) 走时断电

实验结束后,关闭所有与实验有关的电源,方可离开。

5.2 安全标志和绝缘防护

5.2.1 安全标志

在有触电危险的场合或容易产生误判断、误操作的地方,以及存在不安全因素的现场,设置醒目的文字或图形标志,提示人们识别、警惕危险因素,对防止人们偶然触及或过分接近带电体而触电具有重要作用。

1. 对标志的要求

(1) 文字简明扼要,图形清晰,色彩醒目

如用白底红边黑字制作的"止步,高压危险"的标示牌,白色背景衬托下的红边和黑字,可以收到清晰、醒目的效果,也使标示牌的警告作用更加强烈。

（2）统一标准或符合习惯，以便于管理

目前，我国采用的颜色标志的含义基本上与国际安全色标准相同，见表5-1。

表5-1 安全色标含义及举例

色标	含义	举例
红	禁止、停止、消防	停止按钮、灭火器、仪表运行极限
黄	注意、警告	"当心触电""注意安全"
绿	安全、通过、允许、工作	"在此工作""已接地"
黑	警告	用文字、图形
蓝	强制执行	必须带安全帽

2. 对电缆线相序、极性色标的要求

我国对电缆线的相序、极性的色标也已与国际接轨，见表5-2。

表5-2 电缆线的相序、极性的色标

类别	AC				DC		接地线
名称	A	B	C	N	正极	负极	绿/黄双色线
色标	黄	绿	红	淡蓝	棕	蓝	

3. 安全牌

安全牌用绝缘材料制作，用简明的文字或图形作为警示，悬挂于醒目的位置，使用过程中严禁移位和拆除。常见的几种标示牌图形如图5-1所示。安全牌的类型和悬挂方式见表5-3。

图5-1 常见的几种标示牌图形

表5-3 安全牌的类型和悬挂方式

类型	名称	尺寸/(cm×cm)	式样	悬挂处
禁止类	禁止合闸有人工作	200×100 或 80×50	白底红字	一经合闸即可送电到施工设备的开关和刀闸的操作把手上
	禁止合闸线路有人工作	200×100 或 80×50	红底白字	线路开关和刀闸的把手上
	禁止攀登高压危险	250×200	白底红边黑字	工作人员上下的铁梯上或运行中的变压器的梯子上

续表 5-3

类 型	名 称	尺寸/(cm×cm)	式 样	悬挂处
允许类	在此工作	250×250	绿底,中有直径为 210 mm 的白圈,内写黑字	室内和室外工作地点或施工设备上
提示类	从此上下	250×250	绿底,中有直径 210 mm 的白圈,内写黑字	工作人员上下的铁梯或铁架上
警告类	止步 高压危险	250×200	白底红边黑字有红色箭头	施工地点附近的遮栏上,禁止通行的过道上,高压试验的地点

4. 文字标志和编号

文字标志和编号常用做线路和设备的识别标记,其构成应具有统一性、科学性和规律性,以便于理解和记忆。如低压三相异步电动机的引出线端子标志及在接线盒中的布局如图 5-2 所示。

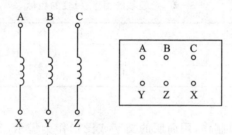

图 5-2 低压三相异步电动机引出线端子标志及在接线盒中的布局

5.2.2 电工材料与绝缘防护

1. 常用的电工材料

导电材料、绝缘材料、磁性材料和半导体材料是最常见的电工材料,也是电气设备的主要组成部分。

导电材料用于传导电流,如金、银、铜和铝等,其电阻率极低,如铜的电阻率是 $1.69×10^{-8} \Omega \cdot m$。

绝缘材料则用于绝缘防护,将带电导体封护或隔离起来,使电气设备及线路能正常工作,防止人身触电。绝缘材料品种繁多,电气工程上将电阻率在 $10^7 \Omega \cdot m$ 以上的材料称为绝缘材料。电气设备工作中,完善的绝缘可保证人身与设备的安全,绝缘不良,会导致设备漏电、短路,从而引发设备损坏及人身触电事故。所以,电气设备的绝缘防护是最基本的安全用电保护措施。

绝缘按其防护部位不同,可分为主绝缘和匝间绝缘。在主绝缘中,如交流回路的各相间的绝缘或直流回路正、负极间的绝缘,属于导体间的绝缘;带电导体与带电设备金属外壳、金属结构或人体之间的绝缘属于导体对"地"间的绝缘。匝间绝缘亦称纵绝缘,是指电机、变压器绕组或电器线圈相邻线匝之间的绝缘。

匝间绝缘损坏,将引起设备匝间短路;相(极)间绝缘的损坏,将导致设备或线路相(极)间短路。短路产生的非正常电流将使电气设备的温升超限,最终损坏电气设备。相(极)间对地绝缘的损坏(俗称"碰壳"),将导致设备漏电而发生人身触电事故。

2. 常用的绝缘材料

绝缘材料品种很多,按形态可分为气体绝缘材料、液体绝缘材料和固体绝缘材料。按化学性质可分为无机绝缘材料、有机绝缘材和混合绝缘材料。

常用的气体绝缘材料有空气、氮气、氢气、二氧化碳、六氟化硫等,气体绝缘材料可用做高压开关的绝缘、灭弧,电容器的电介质。

空气的电阻率为 $10^{16}\Omega \cdot m$,具有良好的绝缘性能。绝缘击穿后可瞬间恢复,用于裸导体之间及裸导体对地绝缘,靠安全距离来保证绝缘要求。

六氟化硫具有优良的绝缘性能和灭弧性能,广泛用于制造全封闭组合电器,电力变压器和电容器等电气设备。但在电弧或火花放电的高温(超过 600℃)作用下会分解,产生低分子量化物,其中氟化氢(HF)和二氟化硫(SF_2)有剧毒,所以对六氟化硫使用有严格的技术要求。

液体绝缘材料有变压器油、断路器油、电容器油、电缆油、硅油、箆麻油、十二烷基苯、二芳基乙烷等。用做绝缘、灭弧冷却、浸渍和填充。绝缘油主要有矿物油和合成油两大类,具有良好的化学稳定性和电气稳定性,其中矿物油的应用最为广泛。

固体绝缘材料分为无机固体绝缘材料和有机固体绝缘材料两大类,这两类是使用最多的电工材料。

无机固体绝缘材料有电瓷、玻璃、云母、石棉、大理石、硫磺等;有机固体绝缘材料有棉纱、纸、麻、蚕丝、漆胶等天然纤维及橡胶、塑料等。

固体绝缘材料的制成品,常用的有黄(黑)腊布带、黄腊绸带、玻璃漆布(带)、聚脂薄膜、青壳纸、酚醛层压纸(布)中玻璃布板、云母带、虫胶换向器云母板、浸渍绝缘漆及覆盖漆等。

混合固体绝缘材料由无机和有机绝缘材料加工而成,主要用于制造电器的底座、外壳等部件。

3. 绝缘性能和绝缘事故

(1) 绝缘性能

绝缘性能包括电气性能、耐热性能、机械性能、吸潮性能、化学稳定性以及抗生物性。

电气性能是绝缘材料的主要性能。该性能有极化(用相对介电系数或电容来衡量)、电导(用绝缘电阻和泄漏电流来衡量)、损耗(用介质损耗角正切来衡量)和击穿(用击穿电压或击穿电场强度来衡量)。当绝缘电气性能恶化时,绝缘电阻会降低,泄漏电流将增大,介质损耗亦将增大,使击穿电压降低。绝缘材料的电气性能不良,在运行中会逐渐恶化甚至被击穿而发生短路或漏电事故。为了预防绝缘事故,必须在电气设备出厂、交接时按规定方法和标准进行测试;运行中或大修后的电气设备也必须按规定的周期和项目进行测试。

耐热性能是绝缘材料的重要性能之一。电流通过导体的热效应及绝缘体本身的电导损耗和介质损耗是使绝缘体温度升高的原因。绝缘体温度升高后,其绝缘能力将降低。绝缘材料容许的极限工作温度称耐热等级。绝缘材料的耐热等级见表5-4。当绝缘材料的温度超过极限工作温度时,其电气性能恶化和破坏的进程将加速。

表5-4 绝缘材料的耐热等级

耐热等级代号	极限工作温度/℃	绝缘材料及其制品举例
Y	90	棉纱、布带、纸
A	105	黄(黑)腊布(绸)
E	120	玻璃布、聚脂薄膜
B	130	黑玻璃漆布、聚脂镶包线
F	155	云母带、玻璃漆布
H	180	有机硅云母制品、硅有机玻璃漆布
C	>180	纯云母、陶瓷、聚四氟乙烯

机械性能有抗压、伸拉强度等技术参数;热性能包括耐热性、耐寒性、耐热冲击稳定性、耐弧性、软化点、粘度等;化学稳定性包括抗氧化性、抗腐蚀性、抗溶剂性等技术参数;抗生物性是指抗霉菌、昆虫的危害等。

(2)绝缘事故

引起绝缘体电气性能过早恶化和破坏而产生绝缘事故的原因主要有:

① 产品制造质量低劣;

② 在搬运、安装、使用及检修过程中受到机械损伤;

③ 由于设计、安装、使用不当,绝缘材料与其工作条件不相适应,例如雨水或潮气使电气设备绝缘受潮;酸、碱、盐对绝缘体的腐蚀作用及电气设备选型不当等因素都可以使绝缘性能过早恶化而引起绝缘事故。

4. 预防电气设备绝缘事故的措施

① 不使用质量不合格的电气产品。

② 按规程和规范安装电气设备或线路。如开关设备应装在特制的密封箱内或浸在绝缘油中;照明配线应选用塑料绝缘导线。

③ 按工作环境和使用条件正确选用电气设备。如潮湿场所使用的电动机,应选用密封型电动机;高温条件下选用电气设备,要考虑绝缘材料的耐热等级。

④ 按照技术参数使用电气设备。避免过负荷和过电压运行,过负荷将使绝缘体温升过高,过电压有击穿绝缘体的危险。

⑤ 正确选用绝缘材料。如修理、更换电机绕组时,不应降低绝缘材料的耐热等级,否则绝缘的允许温升将降低,电机额定电流将减小。

⑥ 按规定的周期和项目对电气设备进行绝缘预防性试验。对有绝缘缺陷的设备及时进行处理。

⑦ 改善绝缘结构也是积极的绝缘防护措施之一。如采用双重绝缘结构对于防止家用电器和手持电动工具触电有显著作用。具有双重绝缘结构的电气设备,不需采取保护接地(零)就具备了预防间接触电的功能。

⑧ 在搬运、安装、运行和维修中,避免电气设备的绝缘结构受机械损伤、受潮、脏污。

5.3 安全防护

电能是实验室中电气设备不可缺少的能源,因此在用电过程中安全问题至关重要。电气设备因绝缘老化、在强电场作用下发生电击穿或温度过高、长期过载而导致绝缘发生热击穿等因素都可能造成电气设备严重漏电,使不带电的外露金属部件(如外壳、护罩、构架等)带有危险的接触电压,当触及这些金属部件时,形成间接触电。因此,除了需要建立正确用电安全观念,建立完善的安全管理制度,还需要在电气设备使用中采取有效的防护措施。对于低压电气设备,广泛采用保护接地、保护接零及加接漏电保护器等有效的技术防护措施。

5.3.1 名词解释

1. 中性线

中性线又称为零线,引自电源的中性点,以符号 N 表示。

2. 保护线

保护线是以防止触电为目的,用来与设备或线路的金属外壳等连接的导线,以代号 PE 表示。

3. 接地体

接地体又称接地极,是指埋入地下直接与土壤接触的金属导体或金属导体组件,按设计规范要求埋设的金属接地体称为人工接地体。

4. 接地线和接地电流

接地线是连接电气设备接地部分与接地体的金属导线;接地电流是经接地线流入大地的电流。

5. 接地装置

接地体和接地线的组合称为接地装置。

6. 接地短路电流

当电源一相接地时导致系统发生短路,这时流入接地体的电流叫做接地短路电流。

7. 工作接地

根据电力系统运行需要而进行的接地,如变压器中性点接地称为工作接地。

8. 保护接地

将电气设备正常运行情况下不带电的金属外壳和架构通过接地装置与大地连接,用来防护间接触电,这称为保护接地。

9. 保护接零

保护接零是指当零线 N 与保护线 PE 共为一体,具有零线和保护线双重功能时的导线,以代号 PEN 表示。

10. 重复接地

在低压三相四线制采用保护接零的系统中,为了加强接零的安全性,在零线的一处或多处通过接地装置与大地再次连接,称为重复接地。

几种接地方式如图 5-3 所示。

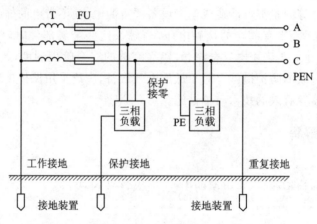

图 5-3 几种接地方式

5.3.2 三相四线制供电系统的保护接地

1. 不采取保护接地时的分析

在三相四线制中性点直接接地的供电系统中,电气设备若不采取保护接地,那么当电动机的绝缘体发生击穿时将导致外壳带电,如图 5-4(a)所示。其等效电路如图 5-4(b)所示。流过人体的电流 I_b 即为接地电流 I_E,有

$$I_b = I_E = U/(R_N + R_b) \tag{5-1}$$

设 $R_N = 4\ \Omega$(实际中线电阻 $R_N \leqslant 4\ \Omega$),人体电阻 $R_b = 1\,000\ \Omega$,$U = 220\ \text{V}$,则 $I_b = I_E = U/(R_N + R_b) = 220\ \text{V}/(4+1\,000)\ \Omega = 219.1\ \text{mA}$。这样大的电流通过人体足以使人致命,是非常危险的。

2. 采取保护接地时的分析

在三相四线制中性点直接接地供电系统中,电气设备若已采取保护接地,如

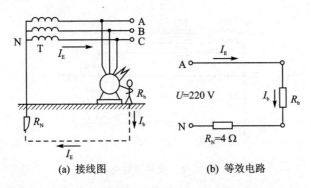

(a) 接线图　　　　　(b) 等效电路

图 5-4　三相四线制中电气设备不采取保护接地的分析

图 5-5(a)所示,其等效电路如图 5-5(b)所示。电气设备漏电时,人体电阻 R_b 和保护接地电阻 R_E 并联,则漏电电流 I_K 为

$$I_K = U/(R_N + R_E // R_b) \qquad (5-2)$$

设 $R_E=4\ \Omega, R_N=4\ \Omega, R_b=1000\ \Omega, U=220\ V$,经计算,$I_K=27.55\ A$。

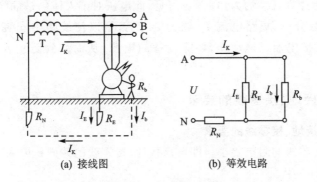

(a) 接线图　　　　　(b) 等效电路

图 5-5　三相四线制中电气设备采取保护接地的分析

分流后通过人体的电流 $I_b=110\ mA$,仍远超出人体承受的极限范围。虽然在电路中装有如空气断路器、熔断器等保护电器,但在大多数情况下,故障电流的大小还不足以令保护电器迅速动作。

从上述分析可知,在三相四线制中性点直接接地系统中,采用保护接地虽比没有采用保护接地时触电的危险性有所减小,但通过人体的接地短路电流仍有可能使人致命。因此,在三相四线制中性点直接接地的低压配电系统中,电气设备如采用保护接地,应根据国际 IEC 标准安装漏电保护装置。

5.3.3　保护接零分析

采用保护接零时,保护线 PE 与低压配电系统的零线连接在一起(即 PEN)。电动机的任何一相(设 C 相碰壳)绝缘体损坏,都可使外壳带电,如图 5-6 所示。

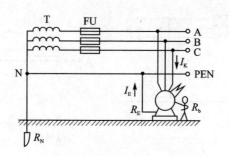

图 5-6 保护接零分析

此时人体承受的电压 U_R 为短路电流 I_E 在零线上的电压,公式如下:

$$U_R \approx I_E R_E = \frac{U_C}{R_C + R_E} R_E \tag{5-3}$$

式中,R_C 为 C 相的导线电阻;R_E 为零线电阻。

设零线截面积为 0.6 cm²,每百米的阻抗为 0.6 Ω;相线阻抗为零线的一半;相电压为 220 V。经计算,U_R 约为 147 V。可见,此电压对于人体仍是危险的。

按上述参数分析,短路电流 I_E 约为 244 A,足以使线路中安装的如空气断路器、熔断器等保护电器迅速动作,切除设备的电源,从而起到防止人身触电的保护作用。

5.3.4 保护接地、接零线的要求

1. 对保护接地、接零线的要求

① 接地、接零线的阻抗要小。即要求接地、接零线的截面积要大,一般要求不小于相线截面积的一半。

② 接地、接零线的机械强度要大。为防止断线的危险,接地、接零线要有足够的机械强度。

③ 禁止在保护接地、接零连线上安装熔断器或开关。碰壳引起的短路电流会使保护接地、接零连线上安装的熔断器或开关断开,从而失去保护功能。

2. 保护接地、接零线对电气设备的要求

① 保护接地、接零线与电气设备连线的要求。保护接地、接零线与电气设备连接处应牢固、可靠,接触良好,定期检查是否松动或脱线。所有电气设备的保护接地或接零连线必须以并联的方式接在零干线上,严禁串接。

② 禁止在电气设备与保护接地、接零线连接处安装熔断器或开关。安装的开关会使电气设备与保护接地或保护接零连线处于开路状态,失去保护的功效。

5.4 漏电保护

5.4.1 漏电保护器

1. 概　述

漏电保护器又称为漏电开关,它同时具备检测、判断、执行功能,常用于低压配电系统中,当人体接触带电体时,漏电保护器能快速切断电源,保障人身安全。当电气设备(或线路)发生漏电或接地故障时,也能很快自动切断电源,可有效地防止因漏电引发的火灾等事故。

漏电保护器"检测"漏电的方法大同小异,都是由零序电流互感器(如图5-7所示)检测出"漏电",再由执行机构来"断电"。零序电流互感器的环状铁芯用坡莫合金作为磁性材料,电源相线和中线穿过圆环成为零序电流互感器的一次线圈,绕在环状铁芯上的绕组为二次线圈,二者组成检测部分。

漏电保护器根据结构和动作原理分为脉冲式、电磁式、电子式三大类。

脉冲式漏电保护器的工作原理是利用电流突变而动作,具有可认别性,可发展为智能型漏电保护器,作为配电变压器总保护、主干线一级保护之用。

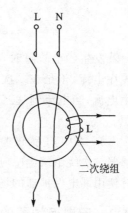

图5-7　零序电流互感器

电磁式漏电保护器的特性是不受电源电压影响,环境温度对特性影响也很小,耐压冲击能力强,外界磁场干扰小,并具有结构简单、进出线可倒接等优点;其缺点是耐机械冲击振动能力较差,制造要求精密,价格较贵,且灵敏度以 30 mA 为限,只适用于小容量负荷,因而部分已被电子式漏电保护器所取代。

电子式漏电保护器制造简单、灵敏度高、价格便宜,而且可根据用户要求制成速断型、延时型,并能与各种容量开关(小则几安培,大则几百安培)相配套。目前电子式漏电保护器正向集成电路、集成块式发展,因而具有广阔的发展前景。但电子式漏电保护器存在耐雷电冲击能力差、抗外磁场干扰弱、结构复杂、进出线不可倒接的缺点,且电源电压、环境温度对特性也有影响。

2. 工作原理

图5-8是单相电磁脱扣式漏电保护器的结构。它由零序电流互感器、漏电脱扣器、试验回路和电源开关等组成。

在正常情况下,流经零序电流互感器的线、相电流大小相等,方向相反,零序电流互感器的铁芯磁通为零,其二次线圈无感应电压输出,漏电保护器开关闭合,线路正常供电。

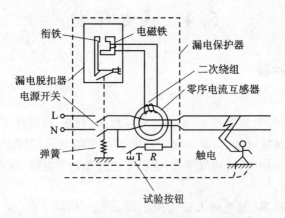

图 5-8　单相电磁脱扣式漏电保护器结构

若发生触电故障时,相电流的一部分经人体流入大地,致使零序电流互感器产生零序电流,于是在二次绕组上产生感应电势,接着在漏电脱扣器的线圈绕组中便产生电流;当电流到达某一规定值时,漏电脱扣器动作,推动电源开关跳闸,切断电源。

图 5-8 中,T 为试验按钮,与电阻 R 串联组成一个试验回路,按下 T 按钮可使互感器二次绕组产生感应电压,模拟触电故障,以检查漏电保护器动作是否正常。对于有使用漏电保护器的场合,使用前要先按下试验按钮 T,检查能否正常工作。

5.4.2　漏电保护器的技术指标

1. 脱扣器额定电流 I_n

脱扣器额定电流 I_n 是指,在规定的条件下,漏电保护器正常工作时允许长期通过的最大电流值。

2. 额定漏电动作电流 $I_{\Delta n}$

额定漏电动作电流 $I_{\Delta n}$ 是指,在规定的条件下,漏电保护器必须动作的漏电动作电流值。

3. 额定漏电不动作电流 $I_{\Delta no}$

额定漏电不动作电流 $I_{\Delta no}$ 是指,在规定的条件下,漏电保护器保持不动作的漏电电流值。

4. 分断时间 $t_{\Delta n}$

分断时间 $t_{\Delta n}$ 是指,漏电保护器检测元件从加上漏电动作电流起到被保护电路切断为止的时间。

5. 短路电流通断能力 I_m

短路电流通断能力 I_m 是指,在规定条件下,漏电保护器所能接通和分断的预期短路电流值。

6. 额定漏电通断能力 $I_{\Delta m}$

额定漏电通断能力 $I_{\Delta m}$ 是指,在规定条件下,漏电保护器能接通和分断的预期接地短路电流值。

5.4.3 漏电保护器的选择

1. 根据工作电源选择

漏电保护器选用时要根据工作电源的相数来选择。除了有单相和三相之分,还有二极、三极、四极的极数。漏电保护器应根据所保护的线路或设备的电压等级、工作电流及其正常泄漏电流的大小来选择。

2. 根据使用对象选择

① 对于以防触电为目的的漏电保护器,例如家用电器配电线路,宜选用动作时间在 0.1 s 以内、动作电流在 30 mA 以下的漏电保护器。

② 对于特殊场合,如 220 V 以上电压、潮湿环境且接地有困难的场合,或发生人身触电会造成二次伤害时,供电回路中应选择动作电流小于 15 mA、动作时间在 0.1 ms 以内的漏电保护器。

③ 选择漏电保护器时应考虑灵敏度与动作可靠性的统一。漏电保护器的动作电流选得越低,安全保护的灵敏度就越高,但由于供电回路设备都有一定的泄漏电流,容易造成漏电保护器的经常性误动作。

④ 当在干线上安装漏电保护器时,只需一个漏电保护器,所含支线的漏电故障都能得到保护,但缺点是停电涉及面大,寻找故障点困难。支线多了,误动作可能性大,而且动作电流不能小于 30 mA,削弱了预防触电的能力。在支线上安装漏电保护器时,保护范围小,寻找漏电故障快,且不影响其他支路的运行。支线上的电气设备发生触电机会较多,应选漏电动作电流小于 30 mA 的漏电保护器。

第6章 电工技术基础实验

实验一 电压源、电流源特性测定及 KVL 验证

一、实验目的

① 强化独立电压源、电流源的概念；
② 进一步加深对基尔霍夫电压定律的理解；
③ 初步掌握电工测量的一般方法及直接测量中的误差分析方法。

二、实验任务

预习教材中的相关理论和有关电工仪表测量方面的知识。自拟实验线路，估算好所有参数。

1. 对独立电压源的伏安特性曲线测定

（1）理想电压源伏安特性曲线测定

对提供的直流电压源（近似认为是理想电压源），测定输出电压在 10 V 左右时的伏安特性曲线，输出电流测量到 140 mA 左右为止。

（2）内阻为 10~100 Ω 时的电压源伏安特性曲线测定

对提供的直流电压源串联一个 10~100 Ω 的电阻（可看做实际电压源），测定输出电压在 10 V 左右时的伏安特性曲线，输出电压测量到 9 V 左右为止。

2. 对独立电流源的伏安特性曲线测定

（1）理想电流源伏安特性曲线测定

对提供的直流电流源（近似认为是理想电流源），测定输出电流在 15 mA 时的伏安特性曲线，输出电压测量到 15 V 左右为止。

（2）内阻为 1~2 kΩ 时的电流源伏安特性曲线测定

对提供的直流电流源并联一个 1~2 kΩ 的电阻（看做实际电流源），测定输出电流在 15 mA 时的伏安特性曲线，输出电流测量到 13.5 mA 左右为止。

3. 对任意回路验证 KVL

设计一个含 2 个电压源、电阻不少于 4 个的电阻性网络，回路电流小于 15 mA。测量各电阻上的电压，验证 KVL 的正确性，并计算测量误差。

三、实验方法参考

① 为避免独立电压源短路，作伏安特性曲线时，可调节负载电阻，使其从 ∞ 开始

逐渐减小。最后得到伏安特性曲线,如实验图 1-1 所示。

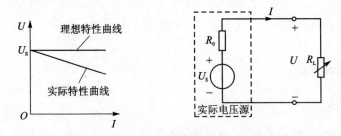

实验图 1-1　电压源伏安特性曲线及实际电压源电路

② 为了避免独立电流源开路,作伏安特性曲线时,负载电阻从零开始逐渐增大。最后得到伏安特性曲线,如实验图 1-2 所示。

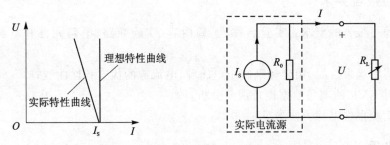

实验图 1-2　电流源伏安特性曲线及实际电流源电路

③ 对任意回路验证 KVL 要估算误差,重点预习第 3 章,参考电路如实验图 1-3 所示。

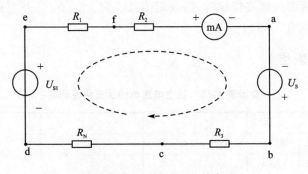

实验图 1-3　验证 KVL 的电路

四、实验设备

- 双路直流电压源
- 直流电流源
- 直流电压表、电流表

- 可调电阻箱
- 电阻若干
- 短接桥
- 细导线
- 9孔插件方板

五、注意事项

① 实验中电压源不能短路,电流源不可开路;
② 估算实验电路中所使用电阻的功率,以免在实验中烧毁电阻;
③ 测量时要时刻注意仪表的极性和量程。

六、实验报告要求

① 预习报告的要求:实验名称、实验内容、实验线路、电路元件和电源的估算参数;
② 写实验报告时,用坐标纸画出电压源、电流源的伏安特性曲线;
③ 对 KVL 的测量数据进行误差分析;
④ 实验报告书写方法参见 3.6 节。

七、思考题

1. 测定电压源的伏安特性时,负载阻值从大到小调节,能否小到 0?如果负载短路,对电源有什么影响?

2. 测定电流源的伏安特性时,负载阻值从小到大调节,能否大到 ∞?如果负载开路,对电源又有什么影响?

八、实验参考表格

实验表 1-1 独立电压源的伏安特性测定

负 载	R_L/Ω	∞					
理想电压源	U/V	10.0					
	I/mA	0					≤150
负 载	R_L/Ω	∞					
实际电压源	U/V	10.0					≤9.0
	I/mA	0					

实验表 1-2　独立电流源的伏安特性测定

负　载	R_L/Ω	0						
理想电流源	I/mA	15.0						
	U/V	0						≤15
负　载	R_L/Ω	0						
实际电流源	I/mA	15.0						≤13.5
	U/V	0						

实验表 1-3　KVL 验证

	I/mA	U_{ab}/V	U_{bc}/V	U_{cd}/V	U_{de}/V	U_{ef}/V	U_{fa}/V	$\sum U$/V
测量值								

实验二　等效电源定理的运用

一、实验目的

① 学习运用戴维南定理的实验等效参数测量方法；
② 理解诺顿定理与戴维南定理的对偶性；
③ 了解负载上获得最大功率的条件；
④ 学习间接测量的误差分析方法。

二、实验任务

1. 运用戴维南定理,用实验的方法测定有源线性二端网络的等效参数

自行设计一个至少含有两个独立电源、两个网孔的有源线性二端网络的实验电路。根据戴维南定理,在端口处至少用两种不同的方法测量、计算其戴维南等效参数；并由其中一种方法的测量值作出有源线性二端网络的外特性曲线。

2. 负载上最大功率的获得

仍用实验任务 1 设计的线路,改变负载电阻 R_L 的值,测量记录对应的 U、I 值,找出负载上获得最大功率时的 R_L 值,与理论值进行比较,并作出 R_L-P 曲线。

3. 用戴维南定理的测量参数等效诺顿定理

用测量计算得到的短路电流 I_{sc} 及等效内阻 R_{eq} 参数组成对偶的诺顿等效电路,测量其端口参数,与实验任务 1 的端口测量参数对比,并作出等效网络的外特性曲线。

4. 测量误差的分析

对实验任务 1 中采用开路短路法间接测量得到的等效内阻 R_{eq} 进行误差分析,

确定本次由仪表产生的最大绝对误差 ΔR_{eq}。

计算自行设计的实验电路等效内阻的理论值,与其测量值比较,确定实验测量产生的最大绝对误差 $\Delta R'_{eq}$,应有 $\Delta R'_{eq} \leqslant \Delta R_{eq}$。

三、实验方法参考

1. 实验方法的参考

有源线性二端网络如实验图 2-1(a)所示,其等效电路图如实验图 2-1(b)、(c)所示。通常运用戴维南定理等效时,测量开路电压 U_{oc} 及等效电阻 R_{eq} 的方法如下。

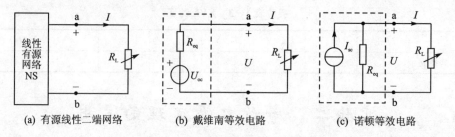

(a) 有源线性二端网络　　(b) 戴维南等效电路　　(c) 诺顿等效电路

实验图 2-1　有源线性二端网络及等效图

(1) 开路短路法

在实验图 2-1(a)中,当有源二端网络输出端(a、b 端)开路时,用电压表直接测 a、b 端的开路电压 U_{oc},然后再将其输出端短路,用电流表测短路电流 I_{sc},得到等效内阻

$$R_{eq} = U_{oc}/I_{sc}$$

(2) 半电压法

在实验图 2-1(a)中,测出开路电压 U_{oc} 后,接负载电阻 R_L。调节 R_L,测量负载电阻 R_L 的电压 U,当 $U = \frac{1}{2}U_{oc}$ 时,有 $R_L = R_{eq}$。

(3) 两点法

若 R_{eq} 过小,短路电流 I_{sc} 会太大,这时候就不能测量短路电流,只可测量网络的外特性曲线(见实验图 2-2)上除端点外的任两点的电流(I_1、I_2)和电压(U_1、U_2),即改变 R_L 两次,分别测量 I、U。可利用如下公式计算 R_{eq} 和 U_{oc}。

$$\begin{cases} U_{oc} = U_1 + I_1 \cdot R_{eq} \\ U_{oc} = U_2 + I_2 \cdot R_{eq} \end{cases}$$

2. 误差分析

对间接测量的误差分析参考 3.2 节。对开路、短路法的误差分析,其计算公式为 $R_{eq} = U_{oc}/I_{sc}$,则

$$\Delta R_{eq} = \left(\frac{\Delta U_m}{U_{oc}} + \frac{\Delta I_m}{I_{sc}} \right) \frac{U_{oc}}{I_{sc}}$$

式中
$$\Delta U_m = U_{oc} \text{的测量值} \times a\% + \text{量程} \times b\%$$
$$\Delta I_m = I_{sc} \text{的测量值} \times a\% + \text{量程} \times b\%$$

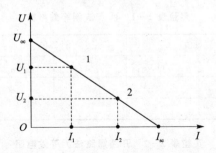

实验图 2-2 有源线性二端网络的外特性曲线

四、实验设备

- 双路直流电压源
- 直流电流源
- 直流电压表、电流表
- 可调电阻箱
- 电阻若干
- 短接桥
- 细导线
- 9 孔插件方板

五、注意事项

在自行设计的电路中,电压源的选取不要超过 10 V,电流源的选取不要超过 10 mA,并注意选择合适的电阻元件参数,确保电阻工作时的功率不超过其额定功率。

六、实验报告要求

① 预习报告的要求:实验名称、实验内容、实验线路、电路元件和电源的参数;
② 写实验报告时,用坐标纸画出外特性曲线及负载-功率曲线;
③ 进行误差分析;
④ 实验报告书写方法参照 3.6 节。

七、思考题

在测量计算戴维南等效参数时,使用开路短路法的条件是什么?

八、实验参考表格

实验表 2-1 两点法测等效参数

数据 负载/Ω	测量值		计算值		理论值
	U/V	I/mA	U_{oc}	R_{eq}	$U_{oc}=$
$R_{L1}=$					$R_{eq}=$
$R_{L2}=$					$I_{sc}=$

实验表 2-2 开路短路法测等效电阻

数据 负载/Ω	测量值		计算值	理论值
	U/V	I/mA	$R_{eq}=U_{oc}/I_{sc}$	$U_{oc}=$
$R_{L1}=\infty$				$R_{eq}=$
$R_{L2}=0$				$I_{sc}=$

实验表 2-3 验证最大功率

	R_L/Ω	0								∞
测量值	U/V									
	I/mA									
	P/W									

实验表 2-4 验证戴维南定理和诺顿定理

	R_L/Ω 测量值	0	R_{L1}	R_{L2}	∞
诺顿 等效 网络	U/V				
	I/mA				
原 网 络	U/V				
	I/mA				

实验三　相量法测量电感元件参数及功率因数的提高

一、实验目的

① 加深对交流基尔霍夫电压定律的理解；
② 掌握提高功率因数的一般方法；
③ 学习使用交流仪表和功率表。

二、实验任务

预习有关理论部分的知识，根据实验任务写出预习报告，设计实验电路的相关参数，制定实验步骤。

1. 相量法测量电感元件参数

对一个含有直流电阻的实际电感，如实验图3-1(a)所示，现提供函数电源、交流电流表和交流电压表，利用交流基尔霍夫电压定律，设计测量实验电路和方法，测量并计算电感L及其内阻r。为减小误差，改变电压参数，至少测量两组或两组以上数据，最后求取L和r的平均值，并画出相应的相量图，如图3-1(b)所示。

2. 功率因数的提高

用荧光灯作为感性负载，研究如何提高荧光灯的功率因数，如实验图3-2所示。测量相关参数，找出功率因数提高到最佳点的对应电容值。在坐标纸上绘出I-C、I_{Lr}-C、I_C-C及$\cos\varphi$-C的曲线，如实验图3-3(b)所示。

三、实验方法参考

1. 相量法测电感

相量法测量电感的方法和原理可参考实验图3-1。测量U、U_R、U_{Lr}、I后，先用余弦定理计算角θ，然后可求出U_L、U_r，最后得L和r。实验电源可用函数电源的功率输出，其频率为200～1000 Hz。

2. 功率因数的提高

荧光灯功率因数提高的实验方法可参考实验图3-2，原理如实验图3-3(a)所示。

四、实验设备

实验任务1：
- 函数电源
- 交流电压表、电流表
- 电感若干

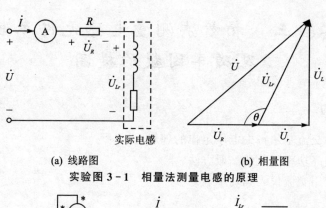

(a) 线路图　　　　　　　　(b) 相量图

实验图 3-1　相量法测量电感的原理

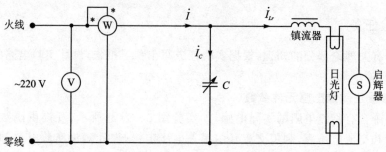

实验图 3-2　提高荧光灯功率因数的实验参考电路

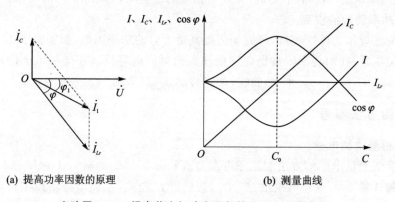

(a) 提高功率因数的原理　　　　　　　　(b) 测量曲线

实验图 3-3　提高荧光灯功率因数的原理和测量曲线

- 电阻若干
- 短接桥
- 细导线
- 9 孔插件方板

实验任务 2：

- 单相调压器
- 日光灯开关板
- 日光灯镇流器板带电容

- 单相电量仪(功率表)
- 安全导线

五、注意事项

① 相量法测量电感时,回路中电流不得超过 0.1 A;

② 本次实验中荧光灯采用工频电源,连接线路和拆除电路时均应在拉闸断电的条件下进行,测量时务必注意安全;

③ 荧光灯功率因数提高中的电容必须选用耐压大于或等于 500 V 的电容;

④ 功率表的使用,先预习 1.5 节。

六、实验报告要求

① 预习报告的要求:实验名称、实验内容、实验线路、电路元件和电源的参数;

② 写实验报告时,画出相应的相量图并在坐标纸上画出相应曲线;

③ 实验报告书写方法参见 3.6 节。

七、思考题

1. 除了相量法外还有其他什么方法可以测电感?试比较各种方法的优缺点。

2. 提高电路功率因数为什么只采用并联电容的方法,而不用串联电容的方法?功率因数是否越大越好?

八、实验参考表格

实验表 3-1 相量法测电感

测量值					计算值				平均值
f	U	U_R	U_{Lr}	I/A	θ	U_r	U_L	r/Ω	L/H
									$L=$
									$r=$

实验表 3-2 功率因数的提高

$C/\mu F$	0			C_0				
P/W								
I/A								
I_C/A								
I_{Lr}/A								
U/V								
$\cos\varphi$								

实验四 三相交流电路的研究

一、实验目的

① 学习三相交流电路负载的 Y 形(星形)和△形(三角形)连接方法；

② 进一步了解三相交流电路 Y 形和△形连接时,对称、不对称的线电压、相电压及线电流、相电流的关系；

③ 加深理解中线在三相电路 Y 形连接中的重要性。

二、实验任务

提供三相四线电网电源,白炽灯 8 个(220 V/40 W)和电容(可作负载用)。根据任务拟出实验线路,并列出相应的测量表格。

1. 自拟三相负载 Y 形连接电路

① 测量记录负载对称时(可用全部白炽灯),在有中线和无中线情况下的线电压、相电压及线电流、相电流的值,并分析它们之间的关系。

② 在负载不对称时重复上述的测量,并在有中线时测量中线电流,无中线时测量中线电压(负载中点和电源中点间的电压)。

2. 自拟三相负载△形连接电路

① 测量记录负载对称时(可用全部白炽灯),线电压、相电压及线电流、相电流的值,并分析它们之间的关系。

② 测量记录负载不对称时,线电压、相电压及线电流、相电流的值,并分析它们之间的关系。

三、实验方法参考

Y 形连接负载不对称时的情形

Y 形连接负载不对称时,将造成"中点位移",相量图如实验图 4-1 所示。

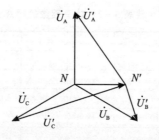

实验图 4-1 Y 形连接负载不对称时的相量图

四、实验设备

- 三相交流电源
- 灯泡
- 功率表
- 安全导线与短接桥

五、仿真示例

三相负载做 Y 形不对称连接的仿真电路如实验图 4-2 所示。

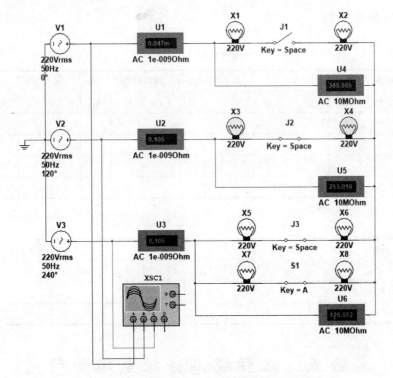

实验图 4-2　三相负载做 Y 形不对称连接的仿真电路

六、注意事项

① 由于直接接触电网电压,故务必注意安全。
② 改接线路或拆除线路时,必须先断开电源!以免发生触电事故。
③ 测量电流时要三思,电流表必须串联在负载中。
④ 白炽灯额定电压为 220 V。

七、实验报告要求

① 预习报告的要求：实验名称、实验内容、实验线路、电路元件和电源的参数；
② 实验报告书写方法参照 3.6 节。

八、思考题

1. 三相星形不对称负载在无中线时会出现什么情况？为什么？
2. 在实际应用中，灯泡应并联使用，而在本实验中，采用两个灯泡串联作为每组负载，试分析其原因。

九、实验参考表格

实验表 4-1　Y 形连接

中线	测量	线电压/V			相电压/V			线(相)电流/mA			中线电压/V	中线电流/mA
		U_{AB}	U_{BC}	U_{CA}	U'_A	U'_B	U'_C	I_A	I_B	I_C		
负载对称	有											
	无											
负载不对称	有											
	无											

实验表 4-2　△形连接

负载	测量	线电流/mA			相电流/mA			线(相)电压/V		
		I_A	I_B	I_C	I_{AB}	I_{BC}	I_{CA}	U_{AB}	U_{BC}	U_{CA}
负载对称										
负载不对称										

实验五　正弦稳态谐振电路的研究

一、实验目的

① 研究正弦稳态下单回路谐振电路的特性；
② 学习谐振曲线的测量方法。

二、实验任务

预习有关理论部分的知识，根据实验任务写出预习报告；按照以下要求，设计实验电路的相关参数，制定实验步骤。

(1) 设计 RLC 串联谐振电路参数,谐振频率 $f_0=500\sim 1$ kHz,其他参数自选,但要求品质因数 Q 略大于 3。

RLC 串联谐振电路如实验图 5-1(a)所示。

① 改变频率 f 测量 I,并绘制 I-f 谐振曲线(参见实验图 5-2)。

② 改变频率 f 测量 U_C,并绘制 U_C-f 谐振曲线(参见实验图 5-2)。

③ 改变频率 f 测量 U_L,并绘制 U_L-f 谐振曲线(参见实验图 5-2)。

④ 测量并计算 Q 值及谐振时的 I_{max}、U_{Cmax}、U_{Lmax} 值,并与理论值相比较。

(2) 设计 LC 并联谐振电路参数,谐振频率 $f_0=500\sim 1$ kHz,其他参数自选,但要求品质因数 Q 略大于 3。

LC 并联谐振电路如实验图 5-1(b)所示。

① 列表点测并绘制 I-f 谐振曲线。

② 在谐振时测量计算 Q 值,与理论值相比较。

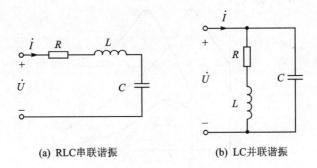

(a) RLC串联谐振　　(b) LC并联谐振

实验图 5-1　RLC 谐振电路

三、实验方法参考

1. RLC 串联谐振电路的参数

(1) 品质因数 Q 的理论值

$$Q=\frac{\omega_0 L}{R}=\frac{1}{\omega_0 RC}$$

(2) U_{Cmax} 的理论值

$$U_{Cmax}=\frac{QU}{\sqrt{1-\dfrac{1}{4Q^2}}}$$

出现在 $\omega_C=\omega_0\sqrt{1-\dfrac{1}{2Q^2}}$ 处($\omega_C<\omega_0$)。

(3) $U_{L\max}$ 的理论值

$$U_{L\max} = \frac{QU}{\sqrt{1-\frac{1}{4Q^2}}}$$

出现在 $\omega_L = \omega_0 \sqrt{\frac{2Q^2}{2Q^2-1}}$ 处($\omega_L > \omega_0$)。

可见,$U_{L\max} = U_{C\max}$,当 Q 很大时,两个极大值的频率向谐振频率靠近;当 $Q \leqslant 0.707$ 时,U_C 和 U_L 都无极大值。

RLC 串联谐振电路的曲线如实验图 5-2 所示。其中 $I - f$ 曲线上对应的 f_0 为电流最大值,即为谐振频率;$U_C - f$ 曲线上对应的 f_C 为电容电压最大值 $U_{C\max}$;$U_L - f$ 曲线上对应的 f_L 为电感电压最大值 $U_{L\max}$。

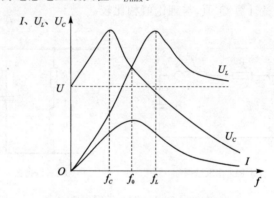

实验图 5-2 RLC 串联谐振电路的曲线

2. LC 并联谐振电路的参数

电感线圈的 Q 值为

$$Q = \frac{\omega_0 L}{R}$$

四、实验设备

- 函数电源
- 交流电压表、电流表
- 电感若干
- 电阻若干
- 电容若干
- 短接桥
- 细导线
- 9 孔插件方板

五、仿真示例

构建一个 RLC 串联谐振电路,如实验图 5-3 所示。图中 XBP2 是波特图仪,可以用来测量显示电路或系统的幅频特性和相频特性。

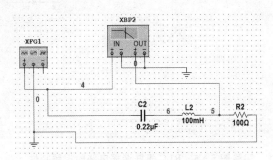

实验图 5-3　RLC 串联谐振的电路图

开始仿真后,得到的 RLC 串联谐振电路的幅频特性曲线如实验图 5-4 所示。拖动测试标记线,可以看到 RLC 串联谐振电路的谐振频率为 1 075 Hz。此时按下 Phase 键,可以得到 RLC 串联谐振电路的相频特性曲线,如实验图 5-5 所示。同样拖动测试标记线,可以看到 RLC 串联谐振电路的谐振频率为 1 075 Hz。

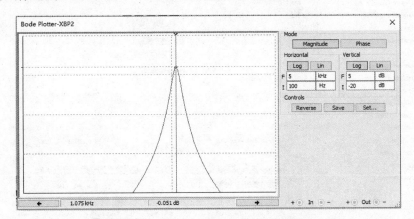

实验图 5-4　RLC 串联谐振电路的幅频特性

也可以用另一种方法分析。打开 Simulate 菜单,选择 Analyses and Simulation→AC Sweep 菜单项,在打开的对话框中设置 Selected variables for analysis 为节点 V(5),如实验图 5-6 所示。之后单击对话框中的 Run 按钮,出现 Grapher View 窗口,仿真结果如实验图 5-7 所示。

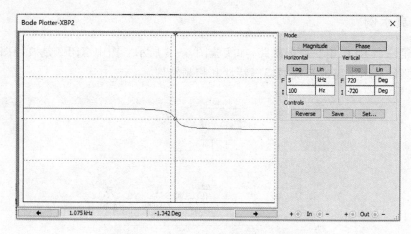

实验图 5-5　RLC 串联谐振电路的相频特性

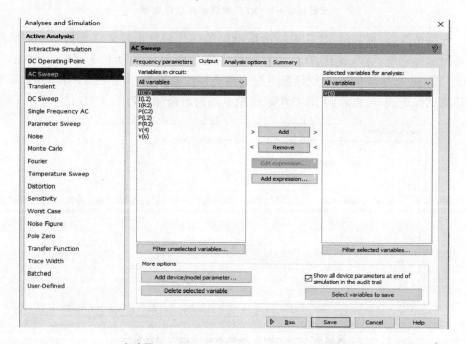

实验图 5-6　Analyses and Simulation 对话框

六、注意事项

① 实验中要保持激励源的频率变化时幅度不变；
② 谐振频率最好选择在 $f_0 \leqslant 1 \text{ kHz}$ 范围内，以免仪表的频率响应不够；
③ 测量频率点应在谐振频率附近多取几点。

第 6 章 电工技术基础实验

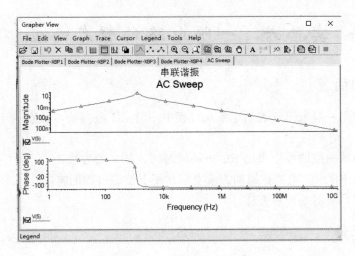

实验图 5-7 Grapher View 窗口

七、实验要求

① 预习报告的要求：实验名称、实验内容、实验线路、电路元件和电源的参数；
② 写实验报告时，实验数据用列表表示，在坐标纸上画出曲线；
③ 实验报告书写方法参照 3.6 节。

八、思考题

改变电路的哪些参数会影响品质因数 Q？通过实验分析品质因数 Q 对谐振的影响。

九、实验参考表格

实验表 5-1 串联谐振

f/Hz									
I/mA									
U_C/V									
U_L/V									

实验表 5-2 并联谐振

f/Hz									
I/mA									

实验六　一阶电路的暂态响应

一、实验目的

① 学习用一般电工仪表测定单次过程中一阶 RC 电路的零状态响应、零输入响应的方法；
② 学会从响应曲线中求出 RC 电路的时间常数 τ 的方法；
③ 观察 RL、RC 电路在周期方波电压作用下暂态过程的响应；
④ 掌握示波器的使用方法。

二、实验任务

预习有关理论部分的知识，根据实验任务写出预习报告，设计实验参数并制定测量步骤。

1. 测定 RC 一阶电路在单次过程的零状态响应

设计 RC 一阶零状态响应电路的参数，要求 τ 足够大($\geqslant$30 s)。用一般电工仪表逐点测出电路在换路后各时刻的电流、电压值。

① 测定并绘制零状态响应的 i_C-$f(t)$ 曲线；在 $t=0$ 时刻换路，迅速用计时器（秒表）计时，每隔一定时间（根据 τ 设定时间间隔）列表读记 i_C 的值，并根据计时 t 和测量的 i_C 值，逐点描绘出 i_C-$f(t)$ 曲线。

② 测定并绘制零状态响应的 u_C-$f(t)$ 曲线；在 $t=0$ 时刻换路，迅速用计时器（秒表）计时，每隔一定时间（根据 τ 设定时间间隔）列表读记 u_C 的值，并根据计时 t 和测量的 u_C 值，逐点描绘出 u_C-$f(t)$ 曲线。

③ 对描绘出的 i_C-$f(t)$ 曲线或 u_C-$f(t)$ 曲线反求时间常数 τ 值，并与理论值比较。

2. 测定 RC 一阶电路在单次过程的零输入响应

设计 RC 一阶零输入响应电路的参数，要求 τ 足够大($\geqslant$30 s)。用一般电工仪表逐点测出电路在换路后各时刻的电流、电压值。

① 测定并绘制零输入响应的 i_C-$f(t)$ 曲线；
② 测定并绘制零输入响应的 u_C-$f(t)$ 曲线。

3. 观察 RL、RC 一阶电路在周期正作用下的响应

① 设计 RL 串联电路，用函数电源周期为 T 的正方波作激励，用示波器观察响应。改变 τ，观察响应的变化，说明当 $\tau \ll \dfrac{T}{2}$ 时 u_L 的波形和 $\tau \gg \dfrac{T}{2}$ 时 u_R 的波形。

② 设计 RC 串联电路，用函数电源周期为 T 的正方波作激励，用示波器观察响应。改变 τ，观察响应的变化，说明当 $\tau \ll \dfrac{T}{2}$ 时 u_R 的波形和 $\tau \gg \dfrac{T}{2}$ 时 u_C 的波形。

三、实验方法参考

(1) RC 零状态和零输入响应如实验图 6-1 和实验图 6-2 所示。

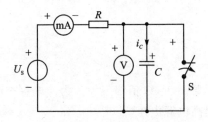

实验图 6-1 RC 零状态响应

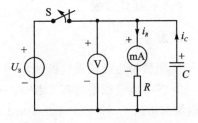

实验图 6-2 RC 零输入响应

(2) 在单次零状态响应过程中，电容充电的电流初始值为 I_0，t 与 τ、I 与 I_0 的倍数关系见实验表 6-1。

实验表 6-1 τ、I 的关系

t	1τ	2τ	3τ	4τ	5τ	...	∞
I	$0.368I_0$	$0.135I_0$	$0.05I_0$	$0.018I_0$	$0.007I_0$	...	0

(3) 根据实验曲线求时间常数 τ。当 $t=\tau$ 时，$i=\dfrac{U_s}{R}\mathrm{e}^{-1}=0.368\dfrac{U_s}{R}$，即在 $0.368I_0$ 时，对应的时间就是 τ，如实验图 6-3 所示。

(4) u_C、i 随时间变化曲线如实验图 6-4 所示。

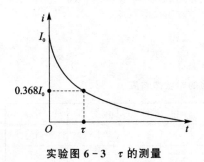

实验图 6-3 τ 的测量

实验图 6-4 u_C、i 随时间变化曲线图

四、实验设备

- 双路直流电压源
- 直流电压表、电流表
- 函数电源
- 电感若干
- 电阻若干

- 电解电容
- 短接桥
- 细导线
- 9 孔插件方板

五、注意事项

① 测量时注意仪表的极性。

② 在单次过程中的零状态时,一般 τ 较大,导致 R、C 值都很大。为使电容充电的电流初始值 I_0 较大($I_0 \geq 0.8$ mA),可适当提高电源电压。

③ 为了读取时间常数 τ,可预先计算好 $\tau = 0.368 I_0$ 时的 t 值。注意实验时不要遗漏这一点。

④ 电解电容每次开始时要放电(用导线短路一下电容器的两端)。因为电解电容有极性,所以不可接错。

六、实验要求

① 预习报告的要求:实验名称、实验内容、实验线路、电路元件和电源的参数;

② 写实验报告时,在坐标纸上画出相应的曲线;

③ 实验报告书写方法参见 3.6 节。

七、思考题

根据实验结果,分析 RC 电路中充放电时间的长短与电路中 RC 元件参数的关系。

八、实验参考表格

实验表 6-2 RC 一阶电路的零状态响应

t/s	0	5	10	15	20	25	30	40	50	60	75	90	120
I/mA													
U_C/V													

实验表 6-3 RC 一阶电路的零输入响应

t/s	0	5	10	15	20	25	30	40	50	60	75	90	120
I/mA													
U_C/V													

实验七 单相变压器特性测试

一、实验目的

① 学习变压器同名端的判断方法；
② 了解变压器各种参数的主要额定参数，并掌握各种参数的测量计算方法；
③ 熟悉变压器的电压、电流、阻抗、功率的关系。

二、实验任务

根据所提供的变压器的相关理论，设计满足以下要求的实验线路并制定相应的测试表格。

1. 变压器同名端的判断

自拟用交流激励的方法，判断变压器的同名端。

2. 单相变压器空载(开路)特性的测定及参数计算

当变压器的副绕组空载时，原绕组加电压，如实验图 7-1 所示。当输入电压 U_1 从 $1.2U_N$ 降到 $0.8U_N$(必须测量额定电压 U_N 点)时，逐点测量输出电压 U_O、空载电流 I_0 和空载输入功率 P_0(铁损)。作空载 $U_1-f(I_0)$、$U_1-f(\cos\varphi_0)$ 特性曲线。

根据测量的数据，计算变比 K、励磁阻抗 Z_m、励磁电阻 R_m。

3. 单相变压器短路特性的测定(铜损的测定)及参数计算

根据单相变压器的额定容量 S_N，计算出额定电流 I_N，如实验图 7-2 所示，测量短路电流 I_K、短路电压 U_K 和短路损耗 P_K。

根据测量的数据，计算短路阻抗 Z_K、短路电阻 R_K 和短路电抗 X_K。

4. 变压器外特性(负载特性)的测量

变压器的原绕组加额定电压，副绕组接负载电阻。改变负载电阻的值，直到负载上电压降到空载电压的 90% 为止。测量并记录副绕组负载上的电压、电流值。作出变压器外特性曲线 $U_2-f(I_2)$。

三、实验方法参考

1. 单相变压器空载特性的测定(铁损的测定)

对于高压变压器，测定变压器空载特性时，为了便于试验和安全起见，通常在副绕组(低压侧)施加试验电压，原绕组(高压侧)开路。但对于小型低压变压器，常在原绕组侧施加试验电压，在副绕组侧开路进行测量，如实验图 7-1。

根据测量值，可计算：

变压比：

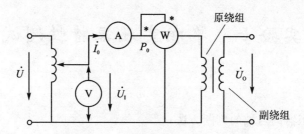

实验图 7-1 单相变压器空载特性的测定

$$K = \frac{高压}{低压} = \frac{U_1}{U_0}$$

励磁阻抗：

$$|Z_m| \approx |Z_0| = \frac{U_1}{I_0}$$

励磁电阻：

$$R_m \approx R_0 = \frac{P_0}{I_0^2}$$

励磁电抗：

$$X_m \approx X_0 = \sqrt{|Z_0|^2 - R_0^2}$$

功率因数：

$$\cos \varphi_0 = \frac{P_0}{U_1 I_0}$$

2. 单相变压器短路特性的测定(铜损的测定)

短路特性的测定，由于试验时电流很大，因此一般都在原绕组施加试验电压，在副绕组短路进行测量，如实验图 7-2 所示。由此测量出短路电流 I_K（额定电流 I_N）、短路电压 U_K、短路输入（损耗）功率 P_K（铜损）。

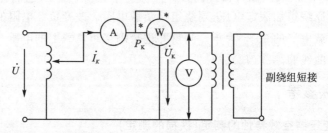

实验图 7-2 单相变压器短路特性的测定

短路试验时，当一次侧电流达到额定值 I_N 时，二次侧电流也接近额定值。此时绕组中的铜损就相当于额定负载时的铜损。试验时原绕组施加的试验电压很低，仅相当于额定电压的 4%～10%。

根据测量数据，可计算出各种短路参数。

短路阻抗：

$$|Z_K| = \frac{U_K}{I_N}$$

短路电阻：

$$R_K = \frac{P_K}{I_K^2}$$

短路电抗：

$$X_K = \sqrt{|Z_K|^2 - R_K^2}$$

四、实验设备

- 三相交流电源
- 单相调压器
- 功率表
- 变压器
- 安全导线与短接桥

五、注意事项

① 用交流法判断变压器同名端时，使用实验电压为额定电压的 10% 左右，可用调压变压器进行调节。

② 短路试验时，原绕组施加的试验电压很低，仅相当于额定电压的 4%～10%，要使用调压器时，电压应从零开始小心调节。

③ 注意电压表、电流表、功率表的量限的选择和功率表的正确连接方法。

④ 做负载实验时，先确定最小负载电阻，再往大调节，以免电流太大，烧坏变压器。

六、实验报告要求

① 预习报告的要求：实验名称、实验内容、实验线路、电路元件和电源的参数；

② 写实验报告时，在坐标纸上画出相应的曲线；

③ 实验报告书写方法参见 3.6 节。

实验八　三相笼型电动机运行及控制

一、实验目的

① 了解小型三相笼型电动机运行前的工作；

② 掌握主令电器、接触器等低压电器的运用技术；

③ 学习三相笼型电动机运行时的正、反转控制的电气线路连接方法。

二、实验任务

(1) 小型三相笼型电动机运行前的准备：

① 铭牌察看：工作电压、电流、拖动功率、运转速度、电动机绕组的连接方式。

② 电气的检查：绕组判断，判断同铭端(如实验图 8-1 所示)，测量绝缘电阻(对于小型电动机要求绝缘电阻应大于 0.5 MΩ)，要求分别测量绕组之间、三个绕组与电动机机座之间的绝缘电阻。

(2) 用常用低压电器分别组成三相笼型电动机的点动、单方向运转控制线路，并运行。

(3) 用上述低压电器组成三相笼型电动机的正、反转控制线路，并运行。

三、实验方法参考

三相笼型电动机绕组的"首"、"末"端判断也就是绕组的同名端判断。可利用绕组的感应电势原理，在一相绕组(L_1)上施加一个约为三相笼型电动机工作电压 10%的交流电压，则在另外两相绕组(L_2、L_3)上产生感应电势。若将另外两个绕组串联，则可以根据感应电势的大小判断相连的两个端点是否为同名端。经两次接线即可判断三个绕组的"首"、"末"端，如实验图 8-1 所示。

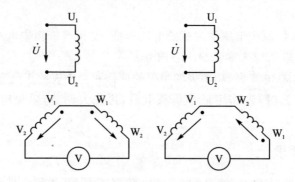

实验图 8-1　三相笼型电动机绕组的首末端判断

四、实验设备

- 三相交流电源
- 单相调压器
- 功率表
- 兆欧表
- 电机
- 交流接触器

- 热继电器
- 按钮
- 安全导线与短接桥

五、注意事项

① 判断绕组的"首"、"末"端时,交流电源用调压器调节到 20 V 左右使用;
② 兆欧表的使用请预习 1.7.2 节和 1.7.3 节;
③ 认清电动机及交流接触器的额定工作电压,选择与之相符的供电系统;
④ 电动机的控制电路接好后,应认真检查,确认无误后,方可通电实验;
⑤ 一旦发现电动机运转有异常现象,应立即断电检查,排除故障后方可再通电;
⑥ 遵守安全规则,不可带电操作,防止触电事故。

六、实验报告要求

① 预习报告的要求:实验名称、实验内容、实验线路;
② 独立完成实验,经指导老师验收合格方可拆除电路。

实验九　三相电动机功率测量及能耗制动

一、实验目的

① 掌握三相电动机功率的一般测量方法;
② 加深了解三相笼型电动机能耗制动的原理;
③ 学习三相笼型电动机能耗制动的电气线路连接方法。

二、实验任务

① 提供一块单相功率表,测量三相电机的总功率;
② 对三相笼型电动机进行能耗制动。

三、实验方法

1. 三相有功功率的测量

这里介绍最常见的用单相功率表来测量三相有功功率的方法,常用的有二表法、一表法和三表法。

(1) 二表法测三相功率

二表法是二功率表法的简称,适用于三相三线制对称负载或不对称负载,是应用最广泛的功率测量方法。二表法常见的三种接线方法如实验图 9-1 所示。

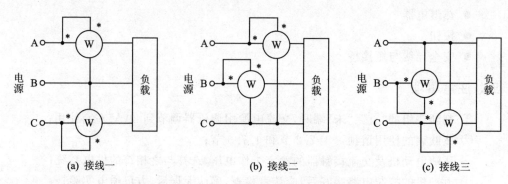

实验图 9-1 二表法测功率常见的三种接线方法

① 二表法测量原理

以实验图 9-1(a) 为例,设负载为 Y 形连接。第一块功率表测得瞬时功率 P_1 为

$$P_1 = U_{AB} I_A = (U_A - U_B) I_A \tag{9-1}$$

第二块功率表测得瞬时功率 P_2 为

$$P_2 = U_{CB} I_C = (U_C - U_B) I_C \tag{9-2}$$

两块功率表反映的瞬时功率之和 P 为

$$P = P_1 + P_2 = U_{AB} I_A + U_{CB} I_C = U_A I_A + U_C I_C - U_B (I_A + I_C) \tag{9-3}$$

在三相三线制电路中,由 KCL 知

$$I_A + I_B + I_C = 0$$

所以 $I_A + I_C = -I_B$,将其代入式(9-3),得

$$P = P_1 + P_2 = U_{AB} I_A + U_{CB} I_C = U_A I_A + U_B I_B + U_C I_C$$

显而易见,两块功率表反映的瞬时功率之和即为三相瞬时总功率。由于两块功率表的代数和反映的是功率在一个周期内的平均值,因此正好反映了三相总功率 P。

该方法测得的就是三相负载功率。实验图 9-1 中的其他两种接法也是如此。

要注意的是,当采用三相四线制时,一般 $I_A + I_B + I_C \neq 0$,此时二功率表法无效。

② 二表法读数

由于功率表可动部分的惯性,普通功率表只能反映功率的平均值。

第一块功率表反映的功率

$$P_1 = U_{AC} I_A \cos(30° - \varphi_A) \tag{9-4}$$

第二块功率表反映的功率

$$P_2 = U_{BC} I_B \cos(30° + \varphi_B) \tag{9-5}$$

总功率 P 为

$$P = P_1 + P_2 = U_{AC} I_A \cos(30° - \varphi_A) + U_{BC} I_B \cos(30° + \varphi_B) \tag{9-6}$$

当两电路对称时,有

$$P = P_1 + P_2 = \sqrt{3} U_L I_L \cos \varphi \tag{9-7}$$

两块功率表的 P_1、P_2 的读数及其和 P 与负载的功率因数有如下三种情况:

(a) 当 $\cos\varphi=1$,即 $\varphi=0°$(纯电阻性负载)时,$P_1=P_2$,$P_总=2P_1$ 或 $P_总=2P_2$。

(b) 当 $\cos\varphi=0.5$,即 $\varphi=60°$(电感性或电容性负载)时,两表中必有一表为零,即 $P=P_1$ 或 $P=P_2$。

(c) 当 $\cos\varphi<0.5$,即 $|\varphi|>60°$ 时,两表中必有一表读数为负。这种情况较多地出现在测量三相交流电机空载功率时的情况。

(2) 一表法测三相功率

一表法是一功率表法的简称,适用于三相三线制或三相四线制对称性负载。其方法是测量某一相负载的有功功率 P_1,就可得到三相负载的总功率 $P=3P_1$。

(3) 三表法测三相功率

三表法是三功率表法的简称,适用于三相四线制不对称负载的功率测量。其方法是分别测量每相负载的有功功率,然后相加就可得到三相负载的总功率。

2. 三相无功功率的测量

三相无功功率的测量与有功功率一样,也有专门的三相无功功率表。这里介绍常见的用单相有功功率表来间接测量三相无功功率的方法,常用的有一表跨相法和二表法。

(1) 一表跨相法测量三相无功功率

一表跨相法适用于三相对称负载,对于电感性负载(电压超前电流),接线方法如实验图 9-2 所示。功率表的电流线圈串接在三相电路的任意一相中,电压线圈跨接在其余两相上。注意,电流线圈和电压线圈同名端的接线必须正确,电流线圈接好后,电压线圈的"﹡"端和另一端必须按正序方向分别接于另两相中。

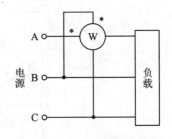

实验图 9-2 一表跨相法测量

$$P=U_{BC}I_A\cos(90°-\varphi_A)$$
$$=U_{BC}I_A\sin\varphi_A$$
$$=U_LI_L\sin\varphi \qquad (9-8)$$
$$Q=\sqrt{3}U_LI_L\sin\varphi \qquad (9-9)$$

由式(9-8)、式(9-9)可知,功率表读数 P 乘以 $\sqrt{3}$ 就可以得到三相对称负载的无功功率,即 $Q=\sqrt{3}P$。

(2) 二表法测量三相无功功率

当三相负载对称时,可利用有功功率的二表法的读数间接测量三相三线负载的无功功率。用二表法测量有功功率时,读出 P_1 和 P_2,将式(9-4)和式(9-5)相减,有

$$P_1-P_2=U_LI_L\cos(30°-\varphi)-U_LI_L\cos(30°+\varphi)=U_LI_L\sin\varphi \qquad (9-10)$$

由此可见,将功率读数之差乘以$\sqrt{3}$就可得到三相对称负载的无功功率,即
$$Q = \sqrt{3}(P_1 - P_2)$$

3. 电动机能耗制动

电动机能耗制动的原理就是在电动机脱离三相交流电源之后,在定子绕组上通入一个直流电压若干秒,利用转子感应电流与静止磁场的作用达到快速制动的目的。

能耗制动控制电路的方式较多,可以利用时间继电器进行控制,也可以根据能耗制动速度原则,用速度继电器进行控制。

(1) 单向运行变压器式能耗制动电路

电动机单向运行变压器式能耗制动电路如实验图 9-3 所示,它采用变压器单相桥式整流电路,有较好的制动效果,但所需的设备多、成本高,常用于功率较大的电动机能耗制动。

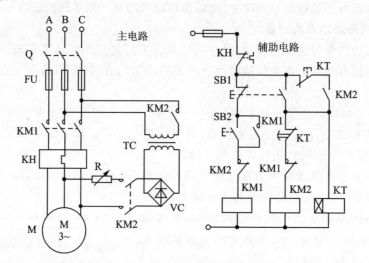

实验图 9-3　单向运行变压器式能耗制动电路

当按下按钮 SB2 后,电动机正常运行。当按下按钮 SB1 后,电动机由于接触器 KM1 线圈失电而使主电路中电源断开;然后接触器 KM2 线圈、时间继电器 KT 线圈与 KM2 线圈同时得电,主电路中变压器 TC 接入电源,经整流块 VC 整流成直流电源,再由 KM2 的主触点进入电动机定子绕组,达到制动效果。当时间继电器 KT 设定时间到时,自动打开常闭触点而断开接触器 KM2 的线圈电路,KM2 失电,电动机的直流电源被切断,能耗制动结束。

实验图 9-3 中,辅助电路中的时间继电器常闭触点按钮 KT,是为了防止时间继电器出现故障不能及时断开 KM2 时,可按下按钮 KT,使 KM2 失电,避免两相定子绕组长期接入能耗制动的直流电流。主电流中的可调电阻 R 起限流作用。

(2) 单向运行无变压器式能耗制动电路

对于 10 kW 以下的电动机,单向运行时可采用无变压器式能耗制动电路。其辅

助电路与变压器式单向运行能耗制动电路相同(参见实验图9-3),控制方式也相同,不同的是主电路。从实验图9-4的主电路中可见,接触器KM1线圈得电,电动机单向运行;制动时接触器KM1线圈先失电,然后接触器KM2线圈得电,令电动机的两相绕组接入线并接,与一个经二极管VD半波整流的电路组成回路,在电动机定子绕组中注入直流电流,达到制动效果。最后由时间继电器断开KM2线圈,电动机的直流电源被切断,能耗制动结束。实验图9-4中的电阻R起限流作用。

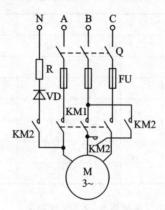

实验图9-4 单向运行无变压器式能耗制动主电路

四、实验设备

- 三相交流电源
- 功率表
- 灯泡
- 电机
- 电容(耐压500 V)
- 安全导线与短接桥

五、注意事项

① 功率表的原理可参考1.5节,要注意量程和接法。

② 能耗制动的线路接好后,应认真检查,确认无误后方可通电。制动时要注意观察,当电动机完成制动后,经整流的直流电源是否与电动机及时脱离。

③ 遵守安全规则,不可带电操作,防止触电事故。

六、实验报告要求

① 预习报告的要求:实验名称、实验内容、实验线路;

② 测量三相电动机功率得到的数据记入表格。

③ 能耗制动线路要独立完成,经指导老师验收合格后方可拆除电路。

七、思考题

总结分析三相电路功率测量的方法及适用范围。

八、实验参考表格

实验表 9-1 有功功率

方法 负载		一表法	二表法			三表法			
		P_1	总功 P	P_1	P_2	总功 P	P_1	P_2	P_3	总功 P
Y 形	有中线对称									
	有中线不对称									
	无中线对称									
	无中线不对称									
△形	对称									
	不对称									

实验表 9-2 无功功率

方法 负载		一表跨相法		二表法		
		P_1	总功 Q	P_1	P_2	总功 Q
电机	Y 形					
	△形					

实验十 行程控制和时限控制

一、实验目的

① 掌握主令电器、接触器等低压电器的运用技术；
② 学习行程控制与时限控制的线路连接方法。

二、实验任务

① 利用低压电器对三相电动机进行有行程限制的控制；
② 利用低压电器设计有三个时序段的时限控制，以电灯作为负载，即令电灯在三个时序段依次点亮。

三、实验方法

1. 三相电动机的行程控制

行程控制就是对控制对象(设为电动机及工作台)在某一段行程内做自动往返循环,如实验图 10-1 所示。在行程的两端分别设置具有一对常开和一对常闭的行程开关 SQ1 和 SQ2(又称为限位开关),令电动机做可逆运行控制。主电路就是电动机正-停-反控制的主电路,辅助电路如实验图 10-2 所示。

实验图 10-1 自动往返循环

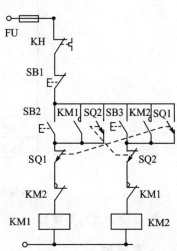

实验图 10-2 行程控制辅助电路

按下按钮 SB2 后,正转接触器 KM1 线圈通电吸合并自锁,电动机及工作台向右移动。当移动到位,碰到行程开关 SQ1 时,SQ1 的常闭触点断开,切断 KM1 接触器线圈电路,KM1 失电。此时 SQ1 的常开触点闭合,接通反转接触器 KM2 线圈电路,电动机由正转变为反转,带动工作台向左移动。当碰到行程开关 SQ2 时,电动机又由反转变为正转,这样电动机及工作台就可做往复循环运动。

2. 时限控制辅助线路

时限控制辅助线路见实验图 10-3。

四、实验设备

- 三相交流电源
- 灯泡
- 交流接触器
- 时间继电器
- 行程开关
- 按钮

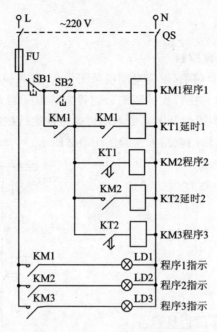

实验图 10-3 时限控制辅助线路

● 安全导线与短接桥

五、注意事项

① 认清电动机及交流接触器的额定工作电压,选择与之相符的供电系统。

② 电动机运行时注意观察,一旦发现有异常现象(包括异响),应立即断电检查,排除故障后方可再通电实验。

③ 在做时限控制时,考虑负载电灯的额定工作电压,选择符合技术要求的交流接触器(或中间继电器)、时间继电器等低压电器。

④ 遵守安全规则,认真操作,防止触电事故。

六、实验报告要求

① 预习报告的要求:实验名称、实验内容、实验线路;

② 独立完成实验,经指导老师验收合格后方可拆除电路。

附录 A 指针式电工仪表表盘上常用的符号及其意义

表 A-1 仪表工作原理的符号

名　称	符　号	名　称	符　号
磁电系仪表	⌒	电动系比率表	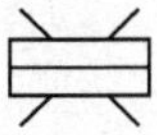 ⊟
磁电系比率表	⌒×	铁磁电动系仪表	 ⊕
电磁系仪表	 ⋛	感应系仪表	 ⊙
电磁系比率表	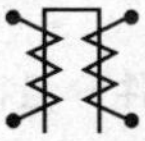 ⋛⋛	静电系仪表	 ⊥
电动系仪表	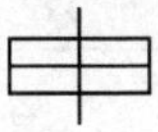 ⊟	整流系仪表	 ⊳⊢

表 A-2 电流种类的符号

名　称	符　号	名　称	符　号
直流	—	具有单元件的三相平衡负载交流	≋
交流(单相)	∼	具有两元件的三相不平衡负载交流	≋
直流与交流	≂	具有三元件的三相四线不平衡负载交流	≋

表 A-3 准确度等级的符号

等级	符号
以标度尺上量限百分数表示的准确度等级(例如:1.5级)	1.5
以标度尺长度百分数表示的准确度等级(例如:1.5级)	∨1.5
以指示值的百分数表示的准确度等级(例如:1.5级)	(1.5)

表 A-4 工作位置的符号

位置	符号
标度尺位置为垂直的	⊥
标度尺位置为水平的	⊓
标度尺位置与水平面倾斜成一角度(例如:60°)	∠60°

表 A-5 绝缘强度符号

名称	符号	名称	符号
不进行绝缘强度试验	☆	绝缘强度试验电压为 2 kV	☆2
绝缘强度试验电压为 500 V	★	危险(测量线路与外壳间的绝缘强度不符合标准规定,符号为红色)	⚡

表 A-6 按外界条件分组符号

名称	符号	名称	符号
Ⅰ级防外磁场(例如:磁电系)	⌒	A 组仪表	△A
Ⅰ级防外磁场(例如:静电系)	⊕	A1 组仪表	△A1
Ⅱ级防外磁场及电场	▭Ⅱ	B 组仪表	△B
Ⅲ级防外磁场及电场	▭Ⅲ	B1 组仪表	△B1
Ⅳ级防外磁场及电场	▭Ⅳ	C 组仪表	△C

表 A-7 端钮及调零器符号

名称	符号	名称	符号
负端钮	−	接地端	⏚
正端钮	+	与外壳相连接的端钮	⊥
公共端钮(多量限仪表)	✳	与屏蔽相连接的端钮	(⃝)
交流端钮	∼	与仪表可动线圈连接的端钮	⇸
电源端钮(功率表、无功功率表、相位表)	✳	调零器	⌒

附录 B 电工实验台和常用设备

B.1 电工实验台

B.1.1 实验平台电源

1. 32131001 三相空气开关板使用说明

32131001 三相空气开关面板(如图 B-1 所示),包含:三相空气开关、熔断器、启动按钮、停止按钮及对应指示灯。它是一款具有短路声光报警及漏电保护的三相电源输出装置,同时具有"启动"和"停止"按钮,用于控制输出端电压开关。"停止"按钮

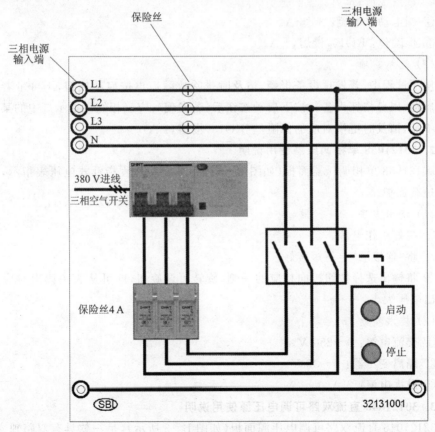

图 B-1 三相空气开关面板示意图

兼具取消报警音的功能。

(1) 使用方法

① 空气开关打开,停止指示灯亮,启动指示灯灭,表示设备处于停止状态,三相电源无输出。

② 按下启动按钮,启动指示灯亮,停止指示灯灭,三相电源正常输出,对应三相红色指示灯亮。

③ 按下停止按钮,停止指示灯亮,启动指示灯灭,三相电源无输出。

④ 设备短路,启动指示灯灭,停止指示灯闪烁,蜂鸣器持续报警。

⑤ 按下停止按钮,蜂鸣器报警取消,停止指示灯停止闪烁,常亮。

⑥ 故障排除后,重复步骤②,可正常使用。

(2) 技术参数

① 系统供电:三相五线制 380(1 ± 0.1) V,50 Hz。

② 工作环境:温度 $-10\sim+40$ ℃,相对湿度≤85%(25 ℃)。

③ 额定电流:2 A。

④ 漏电动作电流:30 mA。

⑤ 保险丝:RO15,慢熔,4 A。

(3) 注意事项

使用过程中,若发现设备报警,请及时排除故障后再按启动按钮,不可带着故障重复启动,以免损坏设备。按下启动按钮后,若发现对应三相红色指示灯中的某相指示灯不亮,请及时更换对应的保险丝(RO15,慢熔,4 A)。

2. 30121058 单相调压器使用说明

30121058 单相调压器面板(如图 B-2 所示),含双量程指针式电压表指示,带短路和过载保护。

(1) 使用方法

① 接好工作电源。

② 将"连接端"上下短接好。

③ 将输出选择按钮按向相应的一侧,旋转可调旋钮,即可从表头读出对应的可调输出电压大小。

(2) 技术参数

① 交流电源:0~250 V。

② 隔离变压器:0~36 V。

③ 最大电流:2 A。

3. 30121046 直流双路可调电压源使用说明

32121046 直流双路可调电压源面板(如图 B-3 所示),是一款具有双路独立、可调及过载保护的直流电源。

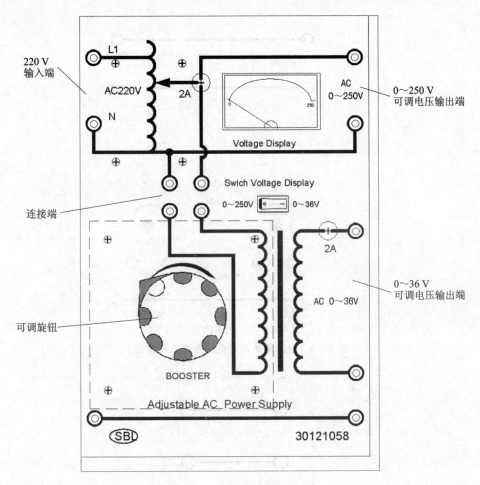

图 B‑2 单相调压器面板示意图

(1) 使用方法

① 输出电压从"+"、"-"端口引出。

② 旋转可调旋钮,即可改变输出电压的大小。

(2) 技术参数

① 电压:双路 0~24 V 可调。

② 额定电流:1 A。

③ 指针式电压表指示,带过载声音报警,故障排除后可自行恢复。

4. 30111113 直流恒流源使用说明

30111113 直流恒流源面板(如图 B‑4 所示),含数显直流毫安表指示,短接"+"、"-"接线柱,此时恒流源输出。

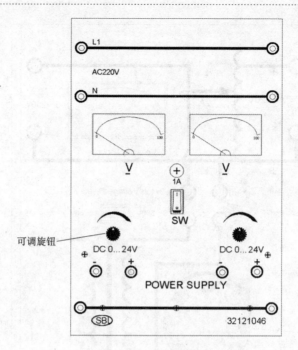

图 B-3 直流双路可调电压源面板示意图

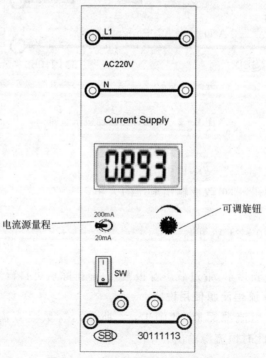

图 B-4 直流恒流源面板示意图

(1) 使用方法

① 选择合适量程,将"+"、"-"串接在电路中。

② 打开电源开关,调节旋钮,即可得到所需电流源的电流。

(2) 技术参数

输出电流:0~20 mA,0~200 mA。

B.1.2 实验平台仪表

1. 30121098 单相电量仪使用说明

30121098 单相电量仪面板(如图 B-5 所示),是一款具有测量、显示、数字通信及电能计量等功能的电力仪表。仪表采用三排数码显示,能够在线完成多种常用的电参量测量,如单相电压、电流、有功功率、无功功率、视在功率、功率因数等功能。

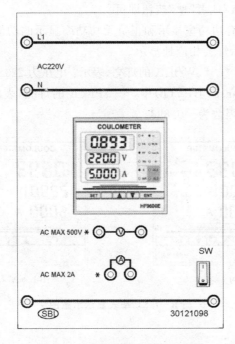

图 B-5 单相电量仪面板示意图

HF9600E 数字显示模块按键功能说明如图 B-6 所示。

(1) 使用方法

① 在实验电路连接中,此电量仪可作为标准交流电路测试表。其中,V 两边的插孔连接电压回路,A 两边的插孔连接电流回路,带"*"的两个插孔表示为同名端。要确保输入电压、电流相对应,否则会出现仪表的测量错误。

② 此电量仪有三个显示窗口,电压、电流测量值为第二、第三个四位显示窗口;最上排的四位显示窗口分别作为视在功率(VA)、有功功率(W/h)、功率因数(PF)、

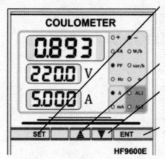

按钮SET正常显示：按下无作用。
设置功能：表示退出当前设置界面或菜单，设置数据时，表示取消当前参数设置。

按钮▲正常显示：切换功能界面。
设置功能：菜单模式时为菜单上翻，设置数据时，表示数值减小。

按钮▼正常显示：切换功能界面。
设置功能：菜单模式时为菜单下翻，设置数据时，表示数值增加。

按钮ENT正常显示：按下无作用。
设置功能：菜单模式时为进入当前菜单设置，设置数据时，表示当前数值确定。

图 B-6 HF9600E 数字显示模块按键功能示意图

无功功率(var/h)、频率(Hz)以及相位角 φ 等参数的巡回显示，要转换此显示窗口的参数显示，只要轻按"▲"或者"▼"按钮即可。

③ 该表具有正负有功功率显示和正负无功功率显示的功能，当切换到功率界面时，右侧"＋"、"－"指示灯会相应地显示。

例如，图 B-7(a)中"－"、W/h、A 的灯亮，表示：电压为 220.0 V，电流为 5.000 A，无功功率为 －1.093 var；图 B-7(b)中"－"、PF、A 的灯亮，表示：电压为 220.0 V，电流为 5.000 A，功率因数为 －0.893。

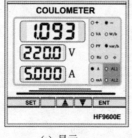
(a) 显示一

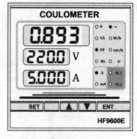
(b) 显示二

图 B-7 功率表显示示意图

(2) 技术参数

电流量程：0～2 A。

电压量程：0～500 V。

电流量程：0～2 A。

功率量程：1500 W。

功率因数量程：－1～0，0～1。

相位量程：－90°～90°。

通信功能：RS-485 输出，MODBUS-RTU 协议，波特率可设定为 1 200～19 200 b/s。

数码显示：红色数码管显示，红色指示灯。

2. 30111047 直流电压电流表使用说明

图 B-8 所示为直流电压电流表面板示意图。

(1) 技术参数

数显电压表量程：0~20 V，0.5 级。

数显电流表量程：0~200 mA，0.5 级。

(2) 注意事项

① 电流表应串联在电路里。

② 电压表应并联在电路里。

3. 30111055 测电流插孔使用说明

图 B-9 所示为测电流插孔板面板示意图。

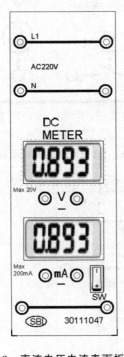
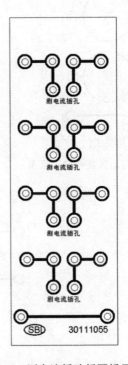

图 B-8 直流电压电流表面板示意图　　图 B-9 测电流插孔板面板示意图

B.1.3 实验模块

1. 30111093 灯泡负载模块

图 B-10 所示为灯泡负载模块示意图。

2. 30121012 日光灯开关模块

图 B-11 所示为日光灯开关模块示意图。

3. 30121036 日光灯镇流器和电容模块

图 B-12 所示为日光灯镇流器和电容模块示意图。

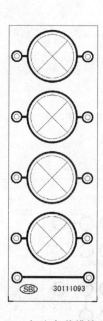

图 B-10 灯泡负载模块示意图

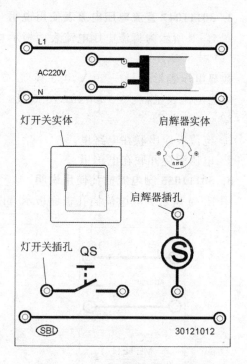

图 B-11 日光灯开关模块示意图

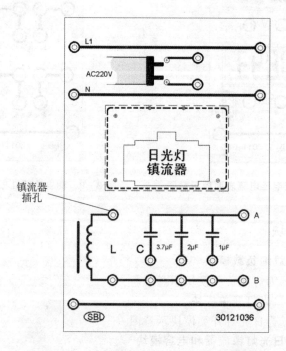

图 B-12 日光灯镇流器和电容模块示意图

4. 30441282 交流接触器和热继电器模块

图 B-13 所示为交流接触器和热继电器模块示意图。

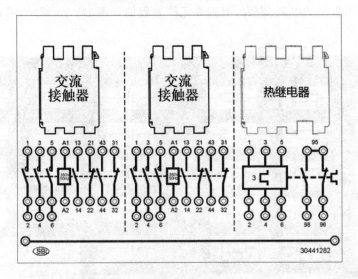

图 B-13 交流接触器和热继电器模块示意图

5. 30121038 变压器负载特性模块

图 B-14 所示为变压器负载特性模块示意图。

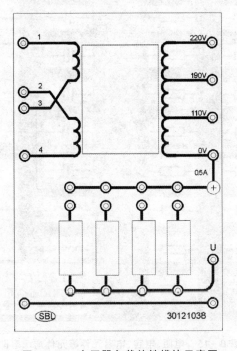

图 B-14 变压器负载特性模块示意图

B.1.4 部分实验元件清单

实验室可提供的电阻、电容、电感等元件参数值如图 B-15 所示,可供同学们设计线路时参考。

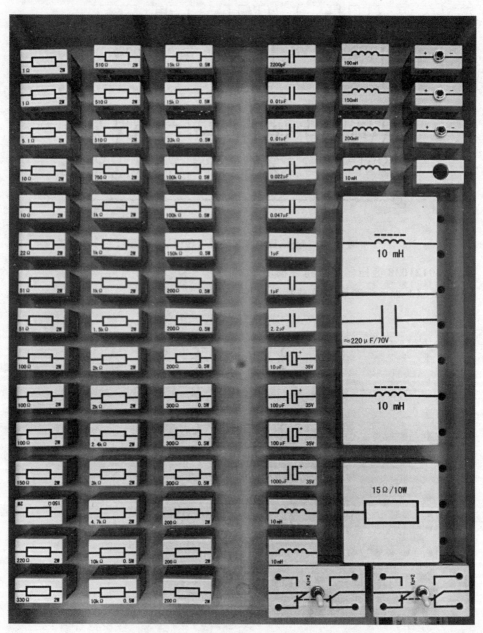

图 B-15 电阻、电容、电感元件等元件盒示意图

1. 电阻、电容、电感等元件

表 B-1 所列为电阻、电感、电容等元件参数清单。

表 B-1 现有元件参数清单

序号	模块名称	规格	数量
1	电阻	1 Ω/2 W	2
2		5.1 Ω/2 W	1
3		10 Ω/2 W	2
4		22 Ω/2 W	1
5		51 Ω/2 W	2
6		100 Ω/2 W	3
7		150 Ω/2 W	2
8		220 Ω/2 W	1
9		330 Ω/2 W	1
10		510 Ω/2 W	3
11		750 Ω/2 W	1
12		1 kΩ/2 W	3
13		1.5 kΩ/2 W	1
14		2.0 kΩ/2 W	2
15		2.4 kΩ/2 W	1
16		3.0 kΩ/2 W	1
17		4.7 kΩ/2 W	1
18		10 kΩ/0.5 W	2
19		15 kΩ/0.5 W	2
20		33 kΩ/0.5 W	1
21		100 kΩ/0.5 W	2
22		150 kΩ/0.5 W	1
23	电位器	6.8 kΩ/3 W	1
24		10 kΩ/0.25 W	1
25		100 kΩ/0.25 W	1

续表 B-1

序号	模块名称	规格	数量
26	电容 CBB	2 200 pF	1
27		0.01 μF	2
28		0.022 μF	1
29		0.047 μF	1
30		1 μF	2
31		2.2 μF	1
32	电解电容	10 μF/35 V	1
33		100 μF/35 V	2
34		1 000 μF/35 V	1
35	电容 2×50	220 μF/70 V	1
36	电感 2×19	10 mH	1
37	电感 4×50	10 mH	1
38	电感	100 mH	1
39		150 mH	1
40		200 mH	1
41		250 mH	1
42		300 mH	1
43		350 mH	1
44		400 mH	1

2. 电阻箱

图 B-16 所示为电阻箱面板示意图。

图 B-16 电阻箱面板示意图

B.2 实验室常用设备

B.2.1 TBS1000B 示波器

示波器是一种用途十分广泛的电子测量仪器。它能把肉眼看不见的电信号变换成看得见的图像，便于人们研究各种电现象的变化过程。示波器分为模拟示波器和数字示波器，对于大多数的电子应用，无论模拟示波器和数字示波器都是可以胜任的，只是对于一些特定的应用，由于模拟示波器和数字示波器所具备的不同特性，才会出现适合和不适合的地方。

模拟示波器的工作方式是直接测量信号电压，并且通过从左到右穿过示波器屏幕的电子束在垂直方向描绘电压。数字示波器的工作方式是通过模数转换器（ADC）把被测电压转换为数字信息，数字示波器捕获的是波形的一系列样值，并对样值进行存储，存储限度是判断累计的样值是否能描绘出波形为止，随后，数字示波器重构波形。

目前，关于示波器工作原理详细介绍的参考书籍有很多，这里不再赘述。下面重点介绍实验室使用的泰克 TBS1000B - EDU 示波器的主要功能。

1. 了解示波器

示波器的前面板示意图如图 B-17 所示，通常被分成几个易于操作的功能区。

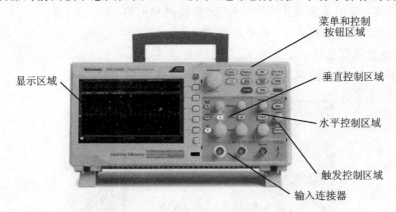

图 B-17 示波器前面板示意图

（1）显示区域

图 B-18 所示的显示区域除显示波形外，显示屏上还提供关于波形和示波器控制设置的详细信息。在任一特定时间，不是所有这些项都可见。当菜单关闭时，某些读数会移出格线区域。

（2）垂直控制区域

图 B-19 为垂直控制区域示意图。

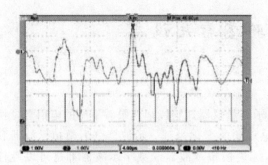 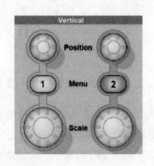

图 B-18　显示区域示意图　　　　图 B-19　垂直控制区域示意图

图 B-19 中：

① 位置：可垂直定位波形。

② 菜单：显示"垂直"菜单选择项并打开或关闭对通道波形显示。

③ 刻度：选择垂直刻度系数。

（3）水平控制区域

图 B-20 为水平控制区域示意图。

图 B-20 中：

① 位置：调整所有通道和数学波形的水平位置。这一控制的分辨率随时基设置的不同而改变。

② 采集：显示采集模式——采样、峰值检测和平均。

③ 标度：选择标度因子（水平时间/格）。

（4）触发控制区域

图 B-21 为触发控制区域示意图。

图 B-20　水平控制区域示意图　　　图 B-21　触发控制区域示意图

图 B-21 中：

① 触发菜单：按下一次时，将显示触发菜单。按住超过 1.5 s 时，将显示触发视图，意味着将显示触发波形而不是通道波形。可看到诸如"耦合"之类的触发设置对

触发信号的影响。释放该按钮将停止显示触发视图。

② 位置：按下该旋钮可将触发电平设置为触发信号峰值的垂直中点（设置为 50%）。

③ 强制触发：无论示波器是否检测到触发，都可以使用此按钮完成波形采集。此按钮可用于单次序列采集和"正常"触发模式。（在"自动"触发模式下，如果未检测到触发，示波器会定期自动强制触发。）

（5）菜单和控制按钮区域

图 B-22 中，多用途旋钮（Multipurpose）通过显示的菜单或选定的菜单选项来确定功能。激活时，相邻的 LED 变亮。

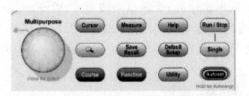

图 B-22　菜单和控制按钮区域示意图

表 B-2 中列出了其所有功能。

表 B-2　多用途旋钮功能说明

活动菜单或选项	旋钮操作	功能说明
光标	旋转	滚动可定位选定光标
帮助	旋转，按下	加亮显示索引项。加亮显示主题链接。按下可选择加亮显示的项目
数学	旋转，按下	滚动可确定数学波形的位置和比例。滚动并按下可选择操作
FFT	旋转，按下	滚动并按下可选信源、窗口类型和缩放值
测量	旋转，按下	滚动可加亮显示每个信源的自动测量类型，按下可进行选择
	旋转	滚动可定位选定选通光标
保存/调出	旋转，按下	滚动可加亮显示操作和文件格式，按下可进行选择。滚动文件列表
触发	旋转，按下	滚动可加亮显示触发类型、信源、斜率、模式、耦合、极性、同步、视频标准、触发操作，按下可进行选择。旋转可设置触发释抑和脉宽值
辅助功能	滚动，按下	滚动可加亮显示其他菜单项，按下可进行选择。旋转可设置背光值
垂直	滚动，按下	滚动可加亮显示其他菜单项，按下可进行选择
缩放	滚动	滚动可更改缩放窗口的比例和位置

① Save/Recall（保存/调出）：显示设置和波形的 Save/Recall（保存/调出）菜单。

② Measure（测量）：显示"自动测量"菜单。

③ Acquire（采集）：显示 Acquire（采集）菜单。

④ Ref(参考波形)：显示 Reference Menu(参考波形)以快速显示或隐藏存储在示波器非易失性存储器中的参考波形。

⑤ Utility(辅助功能)：显示 Utility(辅助功能)菜单。

⑥ Cursor(光标)：显示 Cursor(光标)菜单。离开 Cursor(光标)菜单后，光标保持可见(除非"类型"选项设置为"关闭")，但不可调整。

⑦ Help(帮助)：显示 Help(帮助)菜单。

⑧ Default Setup(默认设置)：调出厂家设置。

⑨ 自动设置：自动设置示波器控制状态，以产生适用于输出信号的显示图形。按住超过 1.5 s 时，会显示"自动量程"菜单，并激活或禁用自动量程功能。

⑩ Single(单次)：(单次序列)采集单个波形，然后停止。

⑪ 运行/停止：连续采集波形或停止采集。

⑫ 保存：默认情况下，执行"保存"到 USB 闪存驱动器功能。

(6) 输入连接器

图 B-23 为输入连接器示意图。

图 B-23 输入连接器示意图

图 B-23 中：

① 1&2：用于显示波形的输入连接器。

② Ext Trig(外部触发)：外部触发信源的输入连接器。使用 Trigger Menu(触发菜单)选择 Ext 或 Ext/5 触发信源。按住 Trigger Menu 按钮可查看触发视图，显示诸如"触发耦合"之类的触发设置对触发信号的影响。

③ 探头补偿：探头补偿输出及机箱基准。用于将电压探头与示波器输入电路进行电气匹配。

(7) USB 闪存驱动器端口

在图 B-24 所示的 USB 插口中插入 USB 闪存驱动器，可以存储数据或检索数据，将数据存储到驱动器或从驱动检索数据时，LED 会闪烁，请等待 LED 停止闪烁后再拔出驱动器。

图 B-24 闪存驱动器端口示意图

2. 使用示波器

(1) 设　置

操作示波器时,应熟悉可能经常用到的几种功能,如自动设置、自动量程、保存设置、调出设置及默认设置等。

① 自动设置:每次按"自动设置"按钮,都会获得显示稳定的波形。它可以自动调整垂直标度、水平标度和触发设置。自动设置也可在刻度区域显示几个自动测量结果,这取决于信号类型。

② 自动量程:"自动量程"是一个连续的功能,可以启用和禁用。此功能可以调节设置值,从而可在信号表现出大的改变或在您将探头移动到另一点时跟踪信号。要使用自动量程功能,可按下"自动设置"按钮超过 1.5 s 即可。

③ 保存设置:关闭示波器电源前,如果在最后一次更改后已等待 5 s,示波器就会保存当前设置。下次接通电源时,示波器会调出此设置。可以使用 Save/Recall(保存/调出)菜单永久性保存 10 个不同的设置,还可以将设置储存到 USB 闪存驱动器。示波器上可插入 USB 闪存驱动器,用于存储和检索可移动数据。

④ 调出设置:示波器可以调出关闭电源前的最后一个设置、保存的任何设置或者默认设置。

⑤ 默认设置:示波器在出厂时设置为正常操作。这就是默认设置。要调出此设置,按下 Default Setup(默认设置)按钮即可。

(2) 测　量

示波器将显示电压相对于时间的图形,并帮助您测量显示波形。有几种测量方法,如可以使用刻度、光标进行测量,或执行自动测量。

① 刻度测量　使用此方法能快速、直观地作出估计,也可通过计算相关的大、小刻度分度并乘以比例系数来进行简单的测量。

② 光标测量　通过移动总是成对出现的光标,并从显示读数中读取它们的数值进行测量。光标测量有两类:"幅度"和"时间"。使用光标时,要确保将"信源"设置为显示屏上想要测量的波形。打开 Measure(自动测量)菜单中的"测量选通"后,可使用光标定义测量选通区域。示波器会将执行的选通测量限制为两个光标之间的数据。要使用光标,可按下 Cursor(光标)按钮。

- 幅度光标:幅度光标在显示屏上以水平线出现,如图 B-25 所示,可测量垂直参数。幅度是参照基准电平而言的。
- 时间光标:时间光标在显示屏上以垂直线出现,可测量水平参数和垂直参数。时间光标还包含在波形和光标的交叉点处的波形幅度的读数。

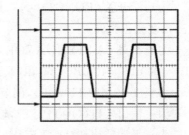

图 B-25　"幅度"光标测量示意图

③ 自动测量(Measure)　最多可采用 6 种

自动测量方法。如果采用自动测量,示波器会为您完成所有计算。因为这种测量使用波形的记录点,所以比刻度或光标测量更精确。自动测量使用读数来显示测量结果。示波器采集新数据的同时对这些读数进行周期性更新。

B.2.2 HT1002P 功率信号发生器

HT1002P 是一款操作简便的多功能功率信号发生器。它可以输出正弦波、方波、三角波、脉冲波、斜波等多种波形,而且还有一个专用的输出大功率信号的输出端口。

1. 前面板控制件功能说明

图 B-26 为功率信号发生器前面板示意图。

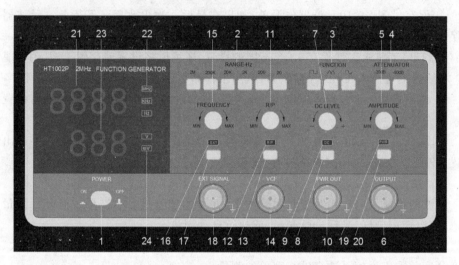

图 B-26 功率信号发生器前面板示意图

图 B-26 中:

1 为电源开关(POWER),按下时电源打开。

2 为频率范围选择开关(RANGE-Hz),2 Hz~200 kHz,分六挡选择。每个开关上方的频率值为该挡的下限频率,其上限频率为下限频率的 10 倍。

3 为功能开关(FUNCTION),选择主输出端口(OUTPUT)输出的波形,如方波、三角波或正弦波。

4 为衰减器(ATTENUATOR),可通过设置 -20 dB 和 -40 dB 开关来选择 0 dB、-20 dB、-40 dB、-60 dB 衰减输出。

5 为幅度(AMPLITUDE),调节输出信号幅度。

6 为主输出端口(OUTPUT),输出为由功能键、衰减键等设置的信号。

7 为直平调节旋钮(DC LEVEL),功能如下:

● 当开关 8 按入时,指示灯 9 亮,可连续调节输出信号中直流电平,范围为

$-10\sim+10$ V；
- 当开关 8 按出时，指示灯 9 灭，输出信号直流电平为零。

8 为直流电平开关，按入时直流电平可调。

9 为直流电平开关指示灯，指示直流电平开关的状态。

10 为功率信号输出端（PWR OUT），PWR 开关按下时，PWR 指示灯亮，输出功率信号。

11 为占空比调节（R/P），功能如下：
- 当开关 13 按出时，输出信号占空比为 50%～50%；
- 当开关 13 按入时，输出信号占空比在 10%～90% 内连续可调。

12 为占空比开关指示灯，指示占空比开关的状态。

13 为占空比开关，按入时占空比可调。

14 为压控频输入端口（VCF），由此端口输入一个电压信号，可控制输出信号的频率。

15 为频率微调（FREQUENCY），频率覆盖范围 10 倍。

16 为外测频指示灯，外测频状态时指示灯亮。

17 为测频方式开关，按入时为外测频模式。

18 为外测频信号输入端。

19 为功率输出指示灯。

20 为功率输出开关。

21 为频率指示器，4 位 LED 显示频率值。

22 为频率单位指示灯，指示频率单位有 MHz、kHz、Hz。

23 为幅度指示器，3 位 LED 显示幅度值。

24 为幅度单位指示灯，指示幅度单位。

2. 技术指标

① 输出特性：频率为 0.2 Hz～20 MHz，幅度（峰值）为 1 mV～20 V（开路），阻抗 50 Ω±10%。

② 显示特性：频率为 4 位 LED 显示，精度为±0.5%+1 位；幅度为 3 位 LED 显示，精度为±5%+3 位。

③ 直流电平：±10 V 连续可调（开路）。

④ 占空比：10%～90% 连续可调。

⑤ 衰减：-20 dB、-40 dB、-60 dB。

⑥ 正弦波失真：≤2%，1 kHz。

⑦ 方波上升时间：≤50 ns。

⑧ 三角波线性度：≥99%，1 kHz。

⑨ 功率输出：频率为 0.2 Hz～20 MHz，输出阻抗为 4 Ω，最大功率为 5 W。

B.2.3 GVT-417B 交流毫伏表

图 B-27 所示为一个通用交流电压表,可测量 300 μV~100 V(10 Hz~1 MHz) 的交流电压。测量电压为 1 V 时,相应分贝值为 0 dB。整个测量范围内,分贝值的范围为 -90~$+41$ dB,600 Ω(1 mW)dBm 范围为 -90~$+43$ dBm。

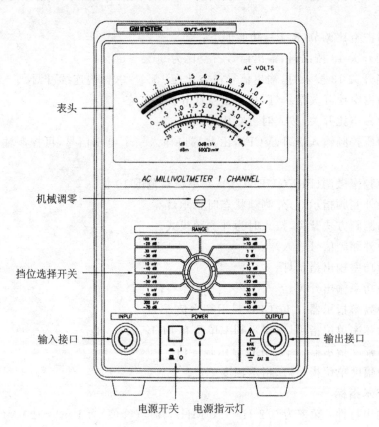

图 B-27 GVT-417B 交流毫伏表示意图

面板介绍:
① 表头,可方便地指示电压和分贝读数。
② 可机械调零。
③ 挡位选择开关:为方便读值,以 10 dB/挡的衰减选择合适的电压挡位。
④ 具有输入接口。
⑤ 具有输出接口。
GVT-417B 交流毫伏表技术指标如表 B-3 所列。

表 B-3　GVT-417B 交流毫伏表技术指标

电压范围	共 12 挡：300 μV,1 mV,3 mV,10 mV,30 mV,100 mV, 300 mV,1 V,3 V,10,30 V,100 V
分贝范围	共 12 挡：−70～+40 dB(相邻挡位间隔 10 dB)
分贝刻度	−20～+1 dB(0 dB=1 V), −20～+3 dBm(0 dBm=1 mW[600 Ω])
电压精度	1 kHz 时满刻度±3%
刻度值	正弦波为 V_{rms} 值, dB 值(0 dB=1 V) dBm 值(0 dBm=1 mV)
频率响应	300 μV 挡： 20 Hz～200 kHz,≤±3% 10 Hz～500 kHz,≤±10% 其他挡： 20 Hz～200 kHz,≤±3% 10 Hz～1 MHz,≤±10%
失真	1 kHz 满刻度时≤2%
输入阻抗	大约 1 MΩ
输入电容	≤50 pF
最大输入电压 (DC+AC peak)	300 V(300 μV～1 V 挡) 500 V(3 V～100 V 挡)
交流输出电压	0.1 V rms±10%,1 kHz (满刻度,无负载)
交流输出频率响应	10 Hz～1 MHz,≤±3% (参考：1 kHz,无负载)

B.2.4　MS2108A 钳形数字万用表

图 B-28 所示是一款性能稳定、安全可靠的 33/4 位新型交直流数字钳形表,可用于测量交直流电压、交直流电流、电阻、二极管、电路通断、电容、频率/占空比等。

1. 测量操作说明

(1) 电流测量

① 将量程开关置于 40 A 或 400 A 的量程位置,此时为交流电流测量状态。

② 按下扳机,张开钳头,把被测电流导线夹在钳内。注意,夹住两根或过多导线,将得不到正确的结果。

③ 从 LCD 显示屏上读数(有效值)。

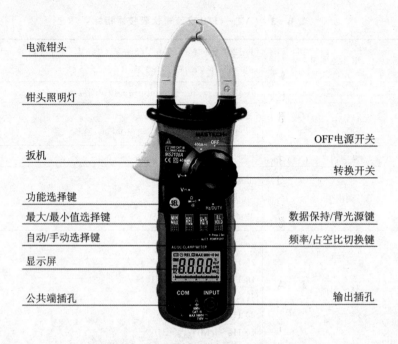

图 B-28　MS2108A 钳形数字万用表示意图

④ 按 SEL 键进入直流电流测量,若此时 LCD 显示不为零,按 REL 键自动回零。

⑤ 从 LCD 显示屏上读数。

(2) 交流电压测量

① 将黑表笔插入 COM 插孔,红表笔插入 INPUT 插孔。

② 将转换开关置于交流电压"V～"挡位置。

③ 将表笔置于被测量处。

④ 从 LCD 显示屏上读数。

(3) 直流电压测量

① 将黑表笔插入 COM 插孔,红表笔插入 INPUT 插孔。

② 将转换开关置于交流电压"V ---"挡位置。

③ 将表笔并接在信号源或负载两端进行测量。

④ 从 LCD 显示屏上读数,极性表示红表笔所接端的极性。

(4) 频率测量

钳头测频(通过 A 挡):

① 将量程开关置于 40 A 或 400 A 的量程位置。

② 按下扳机,张开钳头,把被测电流导线夹在钳内。

③ 按"Hz%"键切换到频率测量状态。

④ 从 LCD 显示屏上读数(频率测量范围为 10 Hz～1 kHz)。

通过 V 挡：
① 将黑表笔插入 COM 插孔，红表笔插入 INPUT 插孔。
② 将转换开关置于交流电压"V～"挡位置。
③ 按"Hz%"键切换到频率测量状态。
④ 将表笔并接在信号源或负载两端进行测量。
⑤ 从 LCD 显示屏上读数(频率测量范围为 10 Hz～1 kHz)。
通过 Hz/DUTY 挡：
① 将黑表笔插入 COM 插孔，红表笔插入 INPUT 插孔。
② 将转换开关置于 Hz/DUTY 挡位置。
③ 将表笔并接在信号源或负载两端进行测量。
④ 从 LCD 显示屏上读数(频率测量范围为 10 Hz～1 kHz)。

(5) 占空比测量

钳头测频(通过 A 挡)：
① 将量程开关置于 40 A 或 400 A 的量程位置。
② 按下扳机，张开钳头，把被测电流导线夹在钳内。
③ 按"Hz%"键切换到占空比测量状态。
④ 从 LCD 显示屏上读数(占空比的测量范围为 10%～95%)。
通过 V 挡：
① 将黑表笔插入 COM 插孔，红表笔插入 INPUT 插孔。
② 将转换开关置于交流电压"V～"挡位置。
③ 按"Hz%"键切换到占空比测量状态。
④ 将表笔并接在信号源或负载两端进行测量。
⑤ 从 LCD 显示屏上读数(占空比的测量范围为 10%～95%)。
通过 Hz/DUTY 挡：
① 将黑表笔插入 COM 插孔，红表笔插入 INPUT 插孔。
② 将转换开关置于 Hz/DUTY 挡位置。
③ 按"Hz%"键切换到占空比测量状态。
④ 将表笔并接在信号源或负载两端进行测量。
⑤ 从 LCD 显示屏上读数(占空比的测量范围为 10%～95%)。

(6) 电阻测量
① 将黑表笔插入 COM 插孔，红表笔插入 INPUT 插孔。
② 将转换开关置于 Ω 挡位置。
③ 将表笔并接在信号源或负载两端进行测量。
④ 从 LCD 显示屏上读数。

(7) 二极管测试
① 将黑表笔插入 COM 插孔，红表笔插入 INPUT 插孔。

② 将转换开关置于 ■ 挡位置。
③ 将 SEL 键切换到二极管测试状态。
④ 将红表笔连接到二极管的正极,黑表笔接在二极管阴极进行测试。
⑤ 从 LCD 显示屏上读数(仪表显示二极管正向压降的近似值,如果表笔反接或开路,则 LCD 显示 OL)。

(8) 线路通断测试
① 将黑表笔插入 COM 插孔,红表笔插入 INPUT 插孔。
② 将转换开关置于 ■ 挡位置。
③ 将 SEL 键切换到 ■ 测试状态。
④ 将表笔并接到线路两端进行测量。
⑤ 如果被测线路的电阻小于 40 Ω,仪表内部蜂鸣器将会发声。
⑥ 从 LCD 显示屏上读取线路阻值,开路则显示 OL。

(9) 测量电容
① 将黑表笔插入 COM 插孔,红表笔插入 INPUT 插孔。
② 将转换开关置于 ■ 挡位置。
③ 将 SEL 键切换到 ■ 测试状态。
④ 将表笔并接到电容两端进行测量。
⑤ 从 LCD 显示屏上读数。

2. 技术指标

MS2108A 钳形数字万用表技术指标如表 B-4 所列。

表 B-4　MS2108A 钳形数字万用表技术指标

功　能	量　程	分辨力	精　度
交流电流	40 A	0.01 A	±(2.0%读数+6字)
	400 A	0.1 A	
交流电压	4 V	0.001 V	±(0.8%读数+3字)
	40 V	0.01 V	
	400 V	0.1 V	
	750 V	1 V	±(1.0%读数+4字)
直流电流	40 A	0.01 A	±(2.0%读数+6字)
	400 A	0.1 A	

续表 B-4

功　能	量　程	分辨力	精　度
直流电压	400 mV	0.1 mV	±(1.0%读数+2字)
	4 V	0.001 V	±(0.7%读数+2字)
	40 V	0.01 V	
	400 V	0.1 V	
	1000 V	1 V	±(0.8%读数+2字)
电阻	400 Ω	0.1 Ω	±(0.8%读数+3字)
	4 kΩ	0.001 kΩ	
	40 kΩ	0.01 kΩ	
	400 kΩ	0.1 kΩ	
	4 MΩ	0.001 MΩ	±(1.2%读数+3字)
	40 MΩ	0.1 MΩ	
电容	400 nF	0.1 nF	±(4.0%读数+5字)
	4 μF	0.001 μF	
	40 μF	0.01 μF	
	400 μF	0.1 μF	
	4 000 μF	1 μF	
频率 (交流电压)	99.99 Hz	0.01 Hz	±(1.5%读数+5字)
	999.9 Hz	0.1 Hz	
	9.999 kHz	0.001 kHz	
频率 (钳形电流)	99.99 Hz	0.01 Hz	±(1.5%读数+5字)
	999.9 Hz	0.1 Hz	
占空比	10%～99.9%	0.1%	±3.0%

参考文献

[1] 马鑫金.电工技术基础[M].北京：机械工业出版社,2007.
[2] 黄锦安,等.电工技术基础[M].3版.北京：电子工业出版社,2017.
[3] 聂典,等.Multisim12仿真设计[M].北京：电子工业出版社,2014.
[4] 泰克科技有限公司.TBS1000B和TBS1000B-EDU系列数字存储示波器用户手册.泰克科技有限公司.
[5] 东莞华仪科技有限公司.MS2108A钳形数字万用表说明书.东莞华仪科技有限公司.
[6] 固纬电子实业有限公司.GVT-417B/427B交流毫伏表操作手册.固纬电子实业有限公司.